普通高等院校"十四五"计算机基础系列教材

大学计算机基础实验指导

陈丽娟　饶国勇◎主　编

万隆昌　利　莉　张　翔◎副主编

中国铁道出版社有限公司

CHINA RAILWAY PUBLISHING HOUSE CO., LTD.

内 容 简 介

本书是《大学计算机基础》（占俊、钱伟主编，中国铁道出版社有限公司出版）的配套实训与练习教材。全书共两篇：第 1 篇是实践技能篇，安排了 5 个实践项目共 12 个实训；第 2 篇是应试指导篇，包括 3 部分，其中第 1 部分是基础理论练习，主要根据新版教材编制了基础理论知识的练习，第 2、3 部分是模拟测试练习，依据"大学计算机基础"课程的知识层次体系，并结合最新的全国计算机等级考试大纲，整理了 8 套模拟试题。

本书实践项目安排恰当，选题新颖，符合多层次分级教学的需求，可作为高等院校计算机基础实训课程的教材，也可作为参加全国计算机等级考试（一级、二级）的参考用书。

图书在版编目（CIP）数据

大学计算机基础实验指导/陈丽娟，饶国勇主编. —北京：
中国铁道出版社有限公司，2022.8（2024.7重印）
普通高等院校"十四五"计算机基础系列教材
ISBN 978-7-113-29487-8

Ⅰ.①大… Ⅱ.①陈… ②饶… Ⅲ.①电子计算机-高等学校-
教学参考资料 Ⅳ.①TP3

中国版本图书馆CIP数据核字（2022）第137303号

书　　名：大学计算机基础实验指导
作　　者：陈丽娟　饶国勇

策　　划：曹莉群　　　　　　　　　　　编辑部电话：（010）51873371
责任编辑：曹莉群
封面设计：刘　颖
责任校对：安海燕
责任印制：樊启鹏

出版发行：中国铁道出版社有限公司（100054，北京市西城区右安门西街 8 号）
网　　址：https://www.tdpress.com/51eds/
印　　刷：三河市国英印务有限公司
版　　次：2022 年 8 月第 1 版　2024 年 7 月第 3 次印刷
开　　本：787 mm×1 092 mm 1/16　印张：8.75　字数：232 千
书　　号：ISBN 978-7-113-29487-8
定　　价：32.80 元

前 言

　　本书是《大学计算机基础》（占俊、钱伟主编，中国铁道出版社有限公司出版）的配套实训与练习教材，旨在通过一定量的实训和习题，有效提高学生的计算机操作能力和利用信息技术分析和解决问题的能力。书中采用的系统及软件版本为Windows 10+Office 2016。

　　编者作为计算机课程教师，长期从事计算机一线教学工作。在从教过程中深感如全国计算机等级考试等同类型的计算机考试试题在知识结构、考试形式和难度上都极为接近。编者认为，一本好的计算机实训指导教材不仅能为学生提供学习的辅助参考，提高实践操作技能，总结计算机学科基础课程的重点、要点等知识，还应该能为参加各类计算机基础考试的考生提供复习参考。因此，一方面为了巩固大学计算机理论基础知识，提高实践能力；另一方面为了满足参加各类计算机基础等级考试的考生考前综合复习需要，编者及其团队特编写了本书。通过一个个知识点将计算机学科基础课程的主要内容贯通起来，为学生在计算机领域进一步的学习发展打下坚实的基础。

　　全书共两篇：第1篇是实践技能篇，安排了5个实践项目共12个实训，主要内容包括系统资源管理、文本信息处理、电子表格处理、演示文稿的制作、网络的应用；第2篇是应试指导篇，包括3部分，其中第1部分是基础理论练习，主要根据配套主教材编制了基础理论知识的练习题，第2部分和第3部分是模拟测试练习，依据"大学计算机基础"课程的知识层次体系，并结合最新的全国计算机等级考试大纲（一级、二级），整理了8套模拟试题，题目基本覆盖了"大学计算机基础"课程的主要内容和知识要点。

　　本书由陈丽娟、饶国勇任主编，万隆昌、利莉、张翔任副主编。本书在编写过程中得到了一些同行的积极帮助，参考了一些相关资料和出版物，在此对相关人员深表谢意。

由于编者水平所限，加上计算机领域日新月异的发展，书中的疏漏和不当之处在所难免，还请广大教师、同行专家和各位读者批评指正。

编　者

2022 年 3 月

目 录

第 1 篇
实践技能篇

实践项目 1

系统资源管理

 实训 1　操作环境的管理

一、实训目的与要求

1. 熟悉并掌握 Windows 10 桌面、"开始"菜单和任务栏的设置。
2. 掌握输入法的设置和字体的安装。
3. 理解快捷方式，掌握快捷方式的建立和设置。
4. 掌握各类打印机的安装和设置。

二、实训内容

1. 桌面主题和桌面图标的设置。
2. 任务栏和"开始"菜单的设置。
3. 输入法的设置和字体的安装。
4. 快捷方式的建立和设置。
5. 打印机的安装和设置。

三、实训范例

1. 设置桌面主题为"鲜花"，设置屏幕保护程序为"照片"，选用"项目1\实训1\flower"文件夹中的图片。

操作步骤：

（1）右击桌面空白处，在弹出的快捷菜单中选择"个性化"命令，打开图 1-1-1 所示的窗口，选择左侧的"主题"选项，然后在右侧"更改主题"中选择"鲜花"。

（2）选择左侧的"锁屏界面"选项，打开图 1-1-2 所示的窗口，单击下面的"屏幕保护程序设置"超链接，打开"屏幕保护程序设置"对话框，在"屏幕保护程序"下拉列表中选择"照片"选项，再单击"设置"按钮，弹出"照片屏幕保护程序设置"对话框（见图 1-1-3），

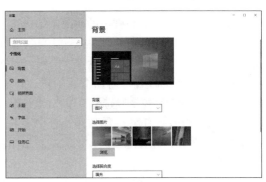

图 1-1-1　"个性化"设置窗口

单击"浏览"按钮选择"flower"文件夹，单击"保存"按钮返回上一个对话框，再单击"确定"按钮。

图1-1-2 "锁屏界面"设置

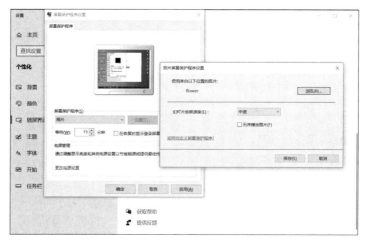

图1-1-3 屏幕保护程序设置

2. 在桌面上显示"计算机""回收站"和"控制面板"图标。

操作步骤：

右击桌面空白处，在弹出的快捷菜单中选择"个性化"命令，选择左侧的"主题"选项，然后在右侧的下方"相关的设置"中选择"桌面图标设置"选项，则打开图1-1-4所示的"桌面图标设置"对话框，勾选"计算机""回收站"和"控制面板"三个复选框，单击"确定"按钮。

3. 通过设置使任务栏能使用小任务栏按钮，当任务栏被占满时能合并且隐藏通知区域的音量图标。

操作步骤：

（1）右击"任务栏"空白位置，在弹出的快捷菜单

图1-1-4 "桌面图标设置"对话框

中选择"任务栏设置"命令，或在"个性化"设置界面中选择左侧的"任务栏"选项，则显示图1-1-5所示的设置界面。打开"使用小任务栏按钮"开关，并选择"合并任务栏按钮"列表中的"任务栏已满时"选项。

图1-1-5　"任务栏"设置界面

（2）单击"通知区域"栏下的"选择哪些图标显示在任务栏上"按钮，弹出图1-1-6所示的窗口，将"音量"关上即可返回。

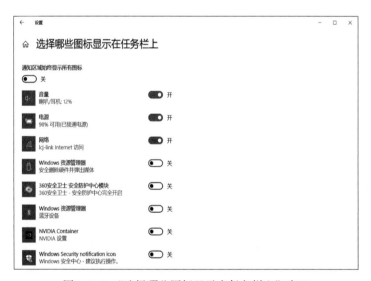

图1-1-6　"选择哪些图标显示在任务栏上"窗口

4. 在"开始"菜单中显示"应用列表""最近添加的应用"，关闭"音乐""图片""视频"文件夹。

操作步骤：

（1）右击桌面空白处，在弹出的快捷菜单中选择"个性化"命令，选择左侧的"开始"选项，显示图1-1-7所示的界面，打开"在'开始'菜单中显示应用列表"和"显示最近添加的应用"开关。

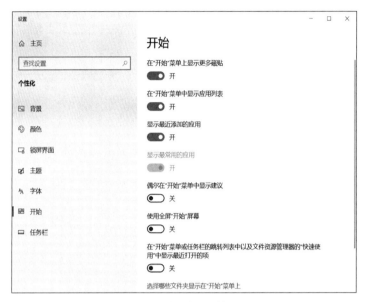

图1-1-7 "个性化/开始"界面

（2）单击下方的"选择哪些文件夹显示在'开始'菜单上"超链接，弹出图1-1-8所示的窗口，关闭"音乐""图片""视频"3个文件夹的开关。

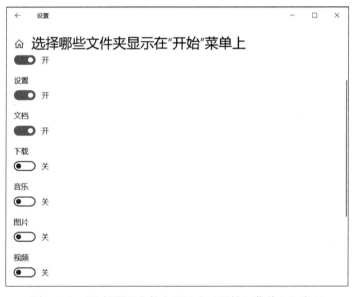

图1-1-8 "选择哪些文件夹显示在'开始'菜单上"窗口

5. 设置输入时能"突出显示拼写错误的单词"，但不要"自动更正拼写错误的单词"，并使语言栏"悬浮于桌面上"。

操作步骤：

（1）单击"开始"菜单按钮，选择左侧列表中的"设置"命令，打开"Windows设置"窗口，单击"时间和语言"图标，在弹出的界面中选择"语言"选项，如图1-1-9所示，进行语言设置。

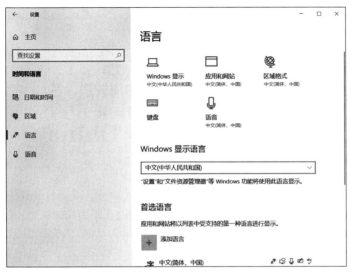

图1-1-9 "语言"设置窗口

（2）单击"键盘"图标，在弹出的窗口中选择"语言栏选项"命令，打开图1-1-10所示的"文本服务和输入语言"对话框，选中"语言栏"中的"悬浮于桌面上"单选按钮，单击"确定"按钮返回，再利用左上角的"←"按钮返回"语言"设置窗口。

（3）单击下方的"拼写、键入和键盘设置"超链接，弹出图1-1-11所示的"输入"设置窗口，关闭"自动更正拼写错误的单词"开关，打开"突出显示拼写错误的单词"开关。

图1-1-10 "文本服务和输入语言"对话框

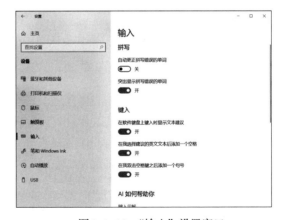

图1-1-11 "输入"设置窗口

6. 在Windows 10系统中安装"华康宋体W12(P)"字体。

操作步骤：

方法1：双击实训素材中的"华康宋体W12(P).TTF"文件，打开图1-1-12所示的窗口，单击左上角的"安装"按钮。

图1-1-12 "华康宋体W12(P)(True Type)"字体窗口

方法2：打开"控制面板"窗口，以"小图标"方式显示，双击打开其中的"字体"选项，弹出图1-1-13所示的"字体"窗口，然后将实训素材中的"华康宋体W12(P).TTF"文件复制到该窗口。

图1-1-13 "字体"窗口

7. 在桌面上创建一个名为"截图"的快捷方式，按【Ctrl+Shift+S】组合键能启动Windows的"截图工具"程序（SnippingTool.exe），且窗口最大化。

操作步骤：

（1）右击桌面空白位置，选择快捷菜单中的"新建/快捷方式"命令，在打开的"创建快捷方式"对话框中输入"截图工具"程序所对应的程序文件名（SnippingTool.exe），如图1-1-14所示。

图1-1-14 "创建快捷方式"对话框

（2）单击"下一步"按钮，打开图1-1-15所示的对话框，输入快捷方式的名称"截图"，单击"完成"按钮，此时在桌面上产生一个名为"截图"的快捷方式的图标，如图1-1-16所示。

图1-1-15　输入快捷方式的名称　　　　图1-1-16　"截图"快捷方式图标

（3）右击桌面上的"截图"快捷方式图标，在弹出的快捷菜单中选择"属性"命令，打开属性设置对话框，在对话框中将插入点定位于"快捷键"栏中，同时按下键盘上的【Ctrl+Shift+S】组合键，在"运行方式"列表中选择"最大化"，如图1-1-17所示，最后单击"确定"按钮。

8. 安装HP LaserJet Professional M1132 MFP打印机，并设置该打印机的打印方向为横向，纸张尺寸为16开（184 cm×260 cm），最后将打印测试页输出到C:\KS\HP.PRN文件。

操作步骤：

（1）打开"控制面板"窗口，单击"硬件和声音"中的"查看设备和打印机"超链接，打开"设备和打印机"窗口，单击上方的"添加打印机"按钮，弹出"添加打印机"对话框，系统会自动搜索连接的打印机，此处可直接单击"我所需的打印机未列出"超链接，弹出图1-1-18所示的"添加打印机"对话框。

图1-1-17　快捷方式属性的设置

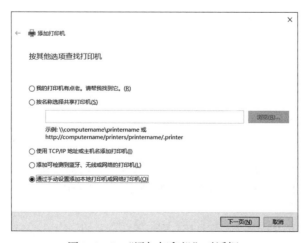

图1-1-18　"添加打印机"对话框

（2）在对话框中选中"通过手动设置添加本地打印机或网络打印机"单选按钮，单击"下一步"按钮，弹出"选择打印机端口"对话框，在"使用现有的端口"下拉列表框中选择"FILE:(打印到文件)"，如图1-1-19所示。

（3）单击"下一步"按钮，弹出"安装打印机驱动程序"对话框，在厂商列表框中选择"HP"，在"打印机"列表中选择"HP LaserJet Professional M1132 MFP"型号，如图1-1-20所示。

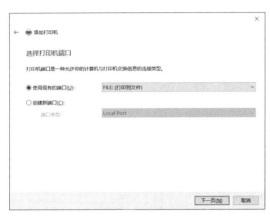

图1-1-19　选择打印机端口　　　　　　　图1-1-20　选择打印机型号

（4）单击"下一步"按钮，弹出"键入打印机名称"对话框，名称采用默认项，单击"下一步"按钮，弹出"打印机共享"对话框，选择"不共享这台打印机"复选框，单击"下一步"按钮，弹出图1-1-21所示的对话框，单击"完成"按钮，返回"设备和打印机"窗口。

（5）在"设备和打印机"窗口中，右击"HP LaserJet Professional M1132 MFP"打印机图标，在弹出的快捷菜单中选择"打印机属性"命令，打开图1-1-22所示的对话框。

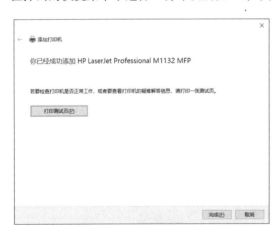
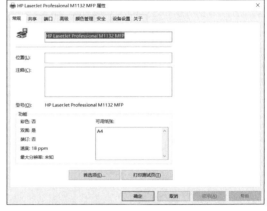

图1-1-21　打印测试页　　　　　　　　　图1-1-22　设置打印机属性

（6）单击"首选项"按钮，弹出"打印机首选项"对话框，在"纸张/质量"选项卡的纸张尺寸中选择"16开 184×260"，如图1-1-23所示；在"完成"选项卡的"方向"栏中选择"横向"打印，单击"确定"按钮返回。

（7）在"HP LaserJet Professional M1132 MFP属性"对话框中单击"打印测试页"按钮，弹

出图1-1-24所示的"将打印输出另存为"对话框，选择存放的路径，输入文件名"HP"，保存类型选择"打印机文件（*.prn）"，单击"确定"按钮。

图1-1-23 "打印机首选项"对话框　　　　　图1-1-24 "将打印输出另存为"对话框

四、实训拓展

1. 设置桌面主题为"Windows 10"，颜色为"黄金色"，桌面上能显示"网络"图标。

2. 要求当在10分钟内不进行任何操作时，屏幕将出现3D文字"景德镇学院"的屏幕保护程序。

3. 通过设置在"开始"菜单中显示"应用列表""最近添加的应用"，打开"音乐""图片""视频"文件夹。

4. 任务栏上使用小图标，并调整任务栏到屏幕的右边。

5. 在C:\KS文件夹中建立一个名为"计算器"的快捷方式，指向系统文件夹中的应用程序calc.exe，指定其运行方式为最大化，并指定快捷键为【Ctrl+Shift+C】。

6. 为Windows"库"中的"文档"文件夹在C:\KS文件夹中创建一个快捷方式。

7. 利用提供的实训素材，在Windows环境中安装一个新字体"思源黑体CN-Bold"。

8. 安装MS Publisher Color Printer打印机，将"项目1\实训1\test.txt"文件打印输出到Ms.prn文件，存放在"C:\KS"文件夹。

 # 实训2　文件资料的管理

一、实训目的与要求

1. 掌握Windows文件资源管理器的基本使用，了解文件和文件夹显示方式的调整。

2. 熟练掌握文件和文件夹的各种基本操作。

3. 掌握Windows常用工具软件和压缩软件的使用。

二、实训内容

1. 文件和文件夹显示方式的调整。

2. 文件和文件夹的基本操作。

3. 利用剪贴板、记事本、写字板、画图、计算器、压缩软件等工具进行文件管理。

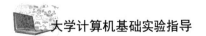

三、实训范例

1. 利用"文件资源管理器"窗口，调整"C:\Windows"文件夹中文件的显示方式和排序方式，并使该文件夹能显示所有文件和文件夹，以及文件的扩展名。

操作步骤：

（1）右击"开始"菜单按钮，在弹出的快捷菜单中选择"文件资源管理器"命令，打开"文件资源管理器"窗口。

（2）在左侧的文件夹列表中，利用单击操作展开各级子文件夹，选中"C:\ Windows"文件夹，右侧则显示该文件夹中的内容，如图1–2–1所示。

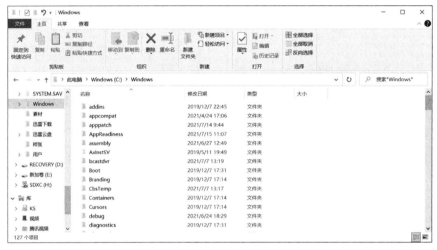

图1–2–1 "文件资源管理器"窗口

（3）单击"查看"选项卡，在"布局"组中依次选择"超大图标""大图标""中图标""小图标""列表""详细信息""平铺""内容"这8个项目来了解各种查看方式。

（4）单击"查看"选项卡，在"当前视图"组中单击"排序方式"按钮，展开图1–2–2所示的子菜单，依次选择"名称""修改日期""类型""大小"等命令来了解各种排序方式。

图1–2–2 各种排序方式

（5）单击"查看"选项卡，在"显示/隐藏"组中，勾选"文件扩展名"和"隐藏的项目"复选框，如图 1-2-2 所示。

另外，也可以单击"选项"按钮，如图 1-2-3 所示，在弹出的"文件夹选项"对话框中做进一步设置。

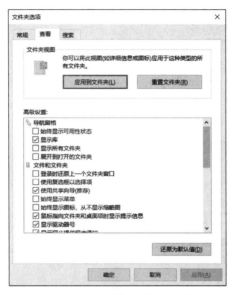

图 1-2-3　"文件夹选项"对话框

2. 利用"文件资源管理器"窗口，查看"C:\Windows"文件夹中包含的文件和子文件夹数量，查看"C:\Windows\win.ini"文件的大小及创建的时间等信息，并将该文件设置为"隐藏"属性。

操作步骤：

（1）打开"文件资源管理器"窗口，在左窗格中选择"Windows（C）"，在右窗格中右击"Windows"文件夹，在弹出的快捷菜单中选择"属性"命令，打开图 1-2-4 所示的"Windows属性"对话框，在"常规"选项卡中可了解到所包含的文件和子文件夹数量。

图 1-2-4　"Windows 属性"对话框

（2）在"文件资源管理器"窗口的左窗格中选择"Windows（C）"中的"Windows"文件夹，在右窗格中找到并右击win.ini文件，在弹出的快捷菜单中选择"属性"命令，打开图1-2-5所示的"win.ini属性"对话框，在"常规"选项卡中可了解到该文件的大小及创建时间等信息，同时勾选"隐藏"复选框，单击"确定"按钮返回。

3. 在C:\KS文件夹中创建Exam文件夹，在Exam文件夹中再创建两个子文件夹，分别为New Data、MyDoc。在"New Data"文件夹中创建一个文本文件，名为Info.txt，内容为学生的学号、系别、专业、班级、姓名。

操作步骤：

（1）打开"文件资源管理器"窗口，在左窗格中选择"Windows（C）"中的"KS"文件夹，在右窗格空白位置右击，在弹出的快捷菜单中选择"新建/文件夹"命令，如图1-2-6所示。

图1-2-5 "win.ini属性"对话框

图1-2-6 "新建"快捷菜单

（2）输入文件夹的名称Exam，双击打开Exam文件夹，用同样的方法在Exam文件夹中再创建两个子文件夹，名称分别为New Data、MyDoc，效果如图1-2-7所示。

图1-2-7 新建文件夹效果

（3）双击打开"New Data"文件夹，在右窗格空白位置右击，在弹出的快捷菜单中选择"新建/文本文档"命令，输入新建的文件名Info。

（4）双击新建的Info.txt文件，打开"记事本"窗口，通过键盘输入学生自己的学号、院系、专业、班级、姓名，如图1-2-8所示，输入完成后，选择"文件/保存"命令，最后关闭窗口。

图1-2-8 "记事本"窗口

4．将MyDoc文件夹更名为SicpDoc，将实训素材"项目1\实训2\doc"文件夹复制到C:\KS\Exam文件下，将New Data文件夹中的文件Info.txt移动到C:\KS\Exam文件夹下，改名为information.txt。

操作步骤：

（1）在"文件资源管理器"窗口的左窗格中选择C:\KS\Exam文件夹，在右窗格中右击MyDoc文件夹，在弹出的快捷菜单中选择"重命名"命令，输入新的文件夹名称SicpDoc。

（2）在"文件资源管理器"窗口的左窗格中选择实训素材"项目1\实训2"文件夹，在右窗格中右击doc文件夹，在弹出的快捷菜单中选择"复制"命令；然后在左窗格中选择C:\KS\Exam文件夹，在右窗格中右击空白位置，在弹出的快捷菜单中选择"粘贴"命令。

（3）在"文件资源管理器"窗口的左窗格中选择C:\KS\Exam\New Data文件夹，在右窗格中右击Info.txt文件，在弹出的快捷菜单中选择"剪切"命令；然后在左窗格中选择C:\KS\Exam文件夹，在右窗格中右击空白位置，在弹出的快捷菜单中选择"粘贴"命令；右击Info.txt文件，在弹出的快捷菜单中选择"重命名"命令，输入新的文件名information.txt。效果如图1-2-9所示。

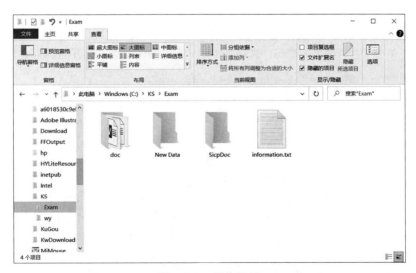

图1-2-9 操作效果

5．首先清空回收站，将C盘回收站的最大空间设置为500 MB，然后删除C:\KS\Exam\information.txt文件，永久删除C:\KS\Exam\doc文件夹中的"离骚.docx"。

操作步骤：

（1）右击桌面上的"回收站"图标，在弹出的快捷菜单中选择"清空回收站"命令。

（2）再次右击"回收站"图标，在弹出的快捷菜单中选择"属性"命令，打开"回收站属性"对话框，如图1-2-10所示，在列表中选择Windows（C:）（注：也有可能是"本地磁盘（C:）"），在"自定义大小"栏中输入"500"，单击"确定"按钮返回。

（3）在"文件资源管理器"窗口的左窗格中选择C:\KS\Exam文件夹，在右窗格中右击information.txt文件，选择快捷菜单中的"删除"命令（或直接按【Delete】键）。

（4）在"文件资源管理器"窗口的左窗格中选择"C:\KS\Exam\doc"文件夹，在右窗格中右击"离骚.docx"文件，按住【Shift】键，选择快捷菜单中的"删除"命令（或按【Shift+Del】组合键），弹出图1-2-11所示的"删除文件"对话框，单击"是"按钮。

图1-2-10　"回收站 属性"对话框　　　　　图1-2-11　"删除文件"对话框

6. 利用Windows提供的"计算器"，将十六进制数8D90H转换成二进制数，并将得到的整个计算器窗口复制到Windows"画图"程序中，以jsjg.jpg为文件名保存在C:\KS\Exam\New data文件夹中。

操作步骤：

（1）单击"开始"菜单按钮，在"开始"菜单的应用列表中选择"计算器"程序，打开"计算器"窗口，单击"打开导航"图标，选择其中的"程序员"命令，打开图1-2-12所示的窗口。

图1-2-12　"计算器/程序员"窗口

（2）在上述窗口的左边，选中"HEX"单选项，输入"8D90"，然后单击窗口左边"BIN"项，即可得到转换结果，如图1-2-13所示。

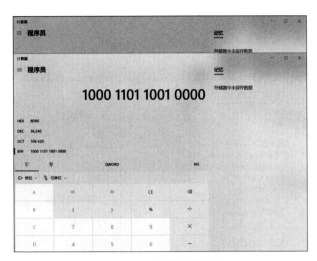

图1-2-13 数制转换结果

（3）按【Alt+Print Screen】组合键将整个"计算器"窗口复制到Windows剪贴板，然后启动"画图"程序，单击"粘贴"按钮，然后选择"文件"选项卡中的"另存为/JPEG图片"命令，如图1-2-14所示。在"另存为"对话框中选择存储位置C:\KS\Exam\New data，输入文件名jsjg.jpg，最后单击"保存"按钮。

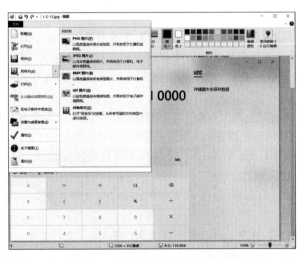

图1-2-14 "画图"程序的保存选项

7. 将C:\KS\Exam文件夹压缩为"01范例.rar"文件，并设置密码xyz，压缩文件存放在C:\KS文件夹下。

操作步骤：

（1）打开"文件资源管理器"窗口，在左窗格中选择"本地磁盘(C:)"，在右窗格中双击打开KS文件夹，右击Exam文件夹，在弹出的快捷菜单中选择"添加到压缩文件…"命令，弹出图1-2-15所示的对话框。

（2）在对话框的"常规"选项卡的"压缩文件名"文本框中输入"01范例.rar"，单击"设置密码"按钮，弹出"输入密码"对话框，如图1-2-16所示，先后两次输入密码"xyz"，单击"确定"按钮返回上一个对话框，再单击"确定"按钮完成压缩。

图1-2-15 "压缩文件名和参数"对话框　　　　图1-2-16 "输入密码"对话框

四、实训拓展

1. 在C盘上建立一个名为Test的文件夹，在Test文件夹中建立两个子文件夹News、Datas，在Datas文件夹中再建立一个子文件夹Pic。

2. 在C:\Test文件夹下创建一个文本文件，文件名为Mytest.txt，内容为"景德镇学院信息技术水平测试（一级）"，并将其属性设置为只读。

3. 在C:\Test文件夹中建立名为HT的快捷方式，双击该快捷方式能启动Windows的"画图"应用程序。

4. 将实训素材"项目1\实训2"文件夹中的net和sys两个文件夹和ball.rar文件一次性地复制到C:\Test文件夹中，并将Sys文件夹设置为"隐藏"属性。

5. 将实训素材"项目1\实训2\image"文件夹中所有文件复制到C:\Test\Datas\Pic文件夹中，并撤销部分文件的"只读"属性。

6. 将实训素材"项目1\实训2"文件夹中的news.jpg文件复制到C:\Test文件夹中，并更名为home.jpg。

7. 将C:\Test\net文件夹中的bus.jsp文件移动到C:\Test\sys文件夹中，并改名为bef.prg。

8. 删除C:\Test\net文件夹中的所有文件和文件夹，事后恢复被删除的map.doc文件。

9. 关闭所有的窗口，将当前整个Windows桌面利用快捷键复制到"画图"程序中，以desk.jpg为文件名存放在C:\Test文件夹中。

10. 将C:\Test\ball.rar压缩文件中的ball2.jpg文件释放到C:\Test\Datas\Pic文件夹中，最后将C:\Test文件压缩成Test.rar存放在C:\KS文件夹中。

实践项目 2

文字信息处理

 ## 实训 1　文档的排版处理

一、实训目的与要求

1. 熟悉 Microsoft Word 2016 的工作界面。
2. 掌握文档的基本编辑操作。
3. 熟练掌握字符和段落格式的设置。
4. 掌握页面的操作和格式的设置。

二、实训内容

1. 文档的基本编辑。
2. 文字和段落的格式化。
3. 项目符号和编号的设置。
4. 页眉页脚和文档页面的设置。

三、实训范例

利用 Word 2016 对"大学生创业计划书"文档按下列要求进行格式化，结果以原文件名保存在 C:\KS 文件夹中。最终效果如图 2-1-1 所示。

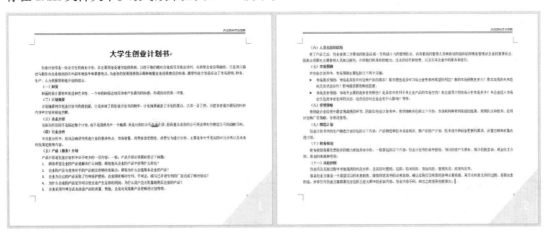

图 2-1-1　"大学生创业计划书"效果图

1. 将文档标题"大学生创业计划书"设置为微软雅黑、二号、加粗、颜色为"黑色，文字1，淡色25%"，字符间距为加宽1磅，将标题行的段后间距设置为6磅，并居中。

操作步骤：

（1）启动 Word 2016，打开实训素材"项目2\实训1"文件夹中的"大学生创业计划书.docx"文档。

（2）选中标题文字"大学生创业计划书"，通过"开始"选项卡"字体"组中的相关按钮来选择字体、字号、加粗和颜色，如图2-1-2所示。

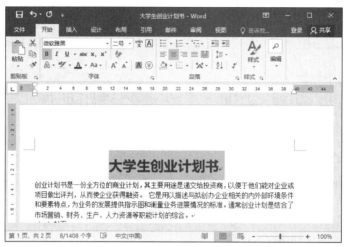

图2-1-2　标题行的字体格式

（3）单击"开始"选项卡"字体"组右下角的对话框启动器按钮，打开"字体"对话框，在"高级"选项卡中将"间距"设置为加宽1磅，如图2-1-3所示。

（4）单击"开始"选项卡"段落"组中的"居中"按钮，设置标题居中，并单击"段落"组右下角的对话框启动器按钮，打开"段落"对话框，在"段落"选项卡中将"间距"组中的"段后"数值设置为"6磅"，如图2-1-4所示。

图2-1-3　设置字符间距

图2-1-4　"段落"对话框

2. 将正文中所有多余的空格删除，并将手动换行符替换成段落结束符。

操作步骤：

（1）选中正文，单击"开始"选项卡"编辑"组中的"替换"按钮，打开"查找和替换"对话框，在"替换"选项卡的"查找内容"文本框中输入一个空格，在"替换为"文本框中不输入任何字符，单击"全部替换"按钮即可。

（2）用上述方法打开"查找和替换"对话框，在"替换"选项卡中，单击"更多"按钮展开该对话框，将插入点置于"查找内容"文本框中，删除之前输入的空格，单击"特殊格式"按钮，在展开的列表中选择"手动换行符"。将插入点置于"替换为"文本框中，单击"特殊格式"按钮，在展开的列表中选择"段落标记"，如图2-1-5所示，单击"全部替换"按钮。最后单击"关闭"按钮。

3. 将正文所有段落首行缩进2个字符，行距为固定值18磅，然后将正文中的11个小标题设置为"要点"样式。

操作步骤：

（1）选中正文所有段落，单击"开始"选项卡"段落"组右下角的对话框启动器按钮，打开"段落"对话框，在"缩进和间距"选项卡的"特殊格式"下拉列表中选择"首行缩进"，"缩进值"为"2字符"，在"行距"下拉列表中选择"固定值"，"设置值"为"18磅"，如图2-1-6所示，单击"确定"按钮返回。

视频 ●
带格式的查找替换

图2-1-5　"特殊字符"的查找与替换　　　图2-1-6　"段落"对话框

（2）先选择第一个小标题"（一）封面"，然后按住【Ctrl】键依次选中其余10个小标题，选择"开始"选项卡"样式"组列表中的"要点"样式。

注意：也可以利用"开始"选项卡"剪贴板"组中的"格式刷"按钮，将第1个小标题的格式复制给其他10个小标题。

说明：样式是指已经定义和命名了的字符和段落的格式，直接套用样式可以简化操作，提高文档格式排版的效率。尤其是针对长文档（如毕业论文），新建一整套长文档的各级标题、题注和正文所需的样式，通过套用样式可以提高长文档格式编排的一致性。

4. 将第5条"产品（服务）介绍"下的5个段落的编号形式更改为"编号库"中第1行第2列样式；将第7条"市场预测"下的2个段落的符号形式更改为"项目符号库"中的"➢"符号。

操作步骤：

（1）选中第5条"产品（服务）介绍"下的5个段落，单击"开始"选项卡"段落"组中的"编号"下拉按钮（见图2-1-7），在打开的"编号库"中选择第1行第2列样式的编号。

（2）选中第7条"市场预测"下的2个段落，单击"开始"选项卡"段落"组中的"项目符号"下拉按钮（见图2-1-8），在打开的"项目符号库"中选择"➢"符号。

图2-1-7　"编号"列表

图2-1-8　"项目符号"列表

5. 添加页眉文字"大众创业　万众创新"，并设置成小五号、黑体、右对齐、下画线0.5磅的双线段落框，并在页脚位置添加"三角形2"样式的页码。

操作步骤：

（1）单击"插入"选项卡"页眉和页脚"组中的"页眉"按钮，在下拉列表中选择"编辑页眉"命令，进入"页眉和页脚"编辑状态，并显示"页眉和页脚工具/设计"选项卡，在文档的页眉处输入文字"大众创业　万众创新"，如图2-1-9所示。

图2-1-9　"页眉和页脚工具/设计"选项卡

（2）选中文字，单击"开始"选项卡"字体"组和"段落"组中的相关按钮来设置黑体、小五号和右对齐。

（3）选中页眉文字所在的段落，单击"开始"选项卡"段落"组中"下框线"右侧的下拉按钮，在下拉列表中选择"边框和底纹"命令，弹出如图2-1-10所示的对话框，从中选择样式、宽度和位置。

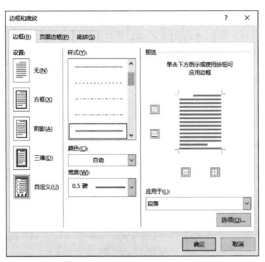

图2-1-10　"边框和底纹"对话框

（4）在"页眉和页脚工具/设计"选项卡"导航"组中单击"转至页脚"按钮，然后单击"页眉和页脚"组中的"页码"按钮，在下拉列表中选择"页面底端"命令，在展开的页码样式列表中选择"三角形2"的页码样式，如图2-1-11所示。最后单击"关闭"组中的"关闭页眉和页脚"按钮，返回正文编辑状态。

图2-1-11　插入页码

6. 设置本文档的纸张大小为"A4"、纸张方向为"横向"、页边距设置为上、下、左、右边距均为3 cm。

操作步骤：

（1）在"布局"选项卡"页面设置"组中单击"纸张大小"按钮，在下拉列表中选择"A4"，单击"纸张方向"按钮，在下拉列表中选择"横向"。

（2）单击"页边距"按钮，在下拉列表中选择"自定义边距"，打开"页面设置"对话框，设置上、下、左、右边距均为3 cm，如图2-1-12所示。

全部完成后，选择"文件"选项卡中的"另存为"命令，存储位置选择C盘的KS文件夹，文件名和保存类型均为默认（见图2-1-13）。最后单击"保存"按钮即可。

● 视频

页边距、装订线、纸张方向

● 视频

设置纸张大小

图2-1-12 "页面设置"对话框　　　　　图2-1-13 "另存为"对话框

四、实训拓展

打开实训素材中"项目2\实训1\智能机器人.docx"文档，按下列要求进行操作，结果保存在C:\KS文件夹中，最终效果如图2-1-14所示。

● 视频

文档网格

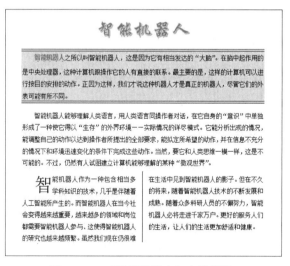

图2-1-14 "智能机器人"文档样张

（1）将第一段中的标题文字"智能机器人"设置为"华文行楷、32号"，其文本效果设置为"填充-水绿色，着色1，轮廓-背景1，清晰阴影-着色1"，并居中显示。

（2）将正文中所有的"只能机器人"替换成"智能机器人"，然后将所有英文逗号替换成中文逗号。

（3）将正文所有段落首行缩进2字符，行间距设置为最小值20磅，段前、段后间距各0.5行。

（4）将正文第一段开头的"智能机器人"五个字设置为：浅蓝色、加粗、加着重号、位置提升1磅。

（5）正文第一段添加颜色为"黑色，文字1，淡色50%"，粗细为1.5磅的上、下段落双线框和添加10%样式的图案底纹。

（6）将正文第三段分成等宽的两栏，并加分隔线，该段落首字下沉两行。

 # 实训 2　图文的混排效果

视频 ●
特殊格式
查找替换

视频 ●
分栏

一、实训目的与要求

1. 掌握各类对象的插入及格式的设置。
2. 掌握形状的绘制及格式的设置。
3. 掌握图文混排效果的设置。

二、实训内容

1. 页面背景的设置。
2. 艺术字的插入和设置。
3. 图片的插入和设置。
4. 形状的绘制和设置。
5. 文本框的插入和设置。

三、实训范例

当今社会，随着网络的快速发展，网络安全问题也接踵而来，2017年6月1日，我国正式颁布施行了《中华人民共和国网络安全法》。为宣传网络安全，现要求利用Word 2016制作一份"网络安全"的宣传小报，利用"项目2\实训2"文件夹中的实训素材，按下列要求进行操作，结果保存在C:\KS文件夹中，最终效果如图2-2-1所示。

1. 新建一个文档，保存为"网络安全.docx"文件，插入素材文件夹中的"背景.jpg"，将其设为"衬于文字下方"，并将图片的高度、宽度分别设置为29.7 cm和21 cm，使其覆盖整个页面。

操作步骤：

（1）启动Word 2016，默认新建了一个空白文档，选择"文件"选项卡中的"另存为"命令，在弹出的界面

图2-2-1　"网络安全"宣传小报效果图

中选择存储位置（如C:\KS）和输入文件名"网络安全.docx"，然后单击"保存"按钮。

（2）选择"插入"选项卡"插图"组中的"图片/此设备"选项，在弹出的对话框中选择素材文件夹中的"背景.jpg"图片文件，单击"插入"按钮即可插入。

（3）选中该图片，单击"图片工具/格式"选项卡，打开"排列"组中的"环绕文字"下拉列表，从中选择"衬于文字下方"命令，如图2-2-2所示。

图2-2-2 "衬于文字下方"命令

（4）选中图片，单击"图片工具/格式"选项卡"大小"组右下角的对话框启动器按钮，弹出"布局"对话框，选择其中的"大小"选项卡，取消选中"锁定纵横比"复选框，然后分别设置其高度为29.7 cm，宽度为21 cm，如图2-2-3所示。最后利用鼠标调整其位置覆盖整个页面。

2. 按照样图，在页面上方插入第1行第4列样式（填充：白色；轮廓：水绿色，主题色5；阴影）的艺术字"健康上网 文明上网"，字体为"华文行楷"，大小48、无加粗；将艺术字轮廓设置为"无轮廓"，阴影为"偏移：左下"。

操作步骤：

（1）单击"插入"选项卡"文本"组中的"艺术字"按钮，在打开的列表中选择第1行第4列样式（填充：白色；轮廓：水绿色，主题色

图2-2-3 "布局"对话框

5；阴影），然后输入文字"健康上网 文明上网"，再在"开始"选项卡"字体"组中设置其字体为"华文行楷"，大小为48，无加粗。

（2）选中艺术字，单击"绘图工具/格式"选项卡"艺术字样式"组中的"文本轮廓"按钮，设置为"无轮廓"，按样张适当调整位置，效果如图2-2-4所示。

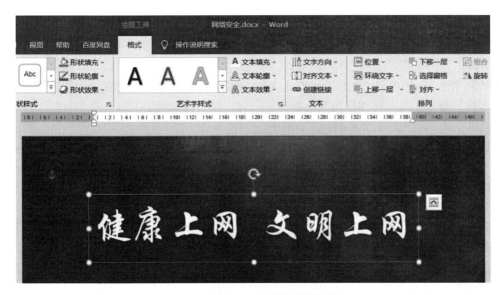

图 2-2-4　标题的设置效果

3.　按照样图，利用文本框在相应位置插入文字"——解读《中华人民共和国网络安全法》"，字体采用"华文中宋"、大小为 18、白色，文本框无填充色和无轮廓。

操作步骤：

（1）选择"插入"选项卡"文本"组中的"文本框"按钮，在打开的列表中选择下方的"绘制横排文本框"命令，然后在相应位置绘制出一个文本框，输入文字"—— 解读《中华人民共和国网络安全法》"，在"开始"选项卡"字体"组中设置其字体为"华文中宋"、大小为 18、颜色为"白色"。

（2）选中文本框，分别单击"绘图工具/格式"选项卡"形状样式"组中的"形状填充"和"形状轮廓"按钮，设置为"无填充"和"无轮廓"，效果如图 2-2-5 所示。

图 2-2-5　"形状填充"和"形状轮廓"的设置效果

4.　按照样图，利用文本框在相应位置插入"文本素材.txt"中的文字，字体格式采用"宋体、五号、加粗、白色"，段落采用"首行缩进2字符、行间距1.5倍"，文本框大小为宽17 cm、高3.6 cm，无填充色和无轮廓。

操作步骤：

（1）单击"插入"选项卡"文本"组中的"文本框"按钮，在打开的下拉列表中选择"绘制横排文本框"命令，然后在相应位置绘制出一个文本框，可利用"复制"和"粘贴"的方法，将"文本素材.txt"中的文字复制到文本框中。

（2）选中文字，在"开始"选项卡"字体"组中设置其字体为：宋体、五号、加粗、白色，在"开始"选项卡"段落"组中单击对话框启动器按钮，打开"段落"对话框，设置"首行缩进"2字符、"行间距"为1.5倍。

（3）选中文本框，单击"绘图工具/格式"选项卡"形状样式"组中的"形状填充"和"形状轮廓"按钮，分别设置为"无填充"和"无轮廓"，然后在"大小"组中将高设置为3.6 cm，宽设置为17 cm，适当调整文本框位置，效果如图2-2-6所示。

图2-2-6　文本框的设置效果

5. 按照样图，绘制三个高1.5 cm、宽4.5 cm的圆角按钮，填充颜色采用渐变（"黑色，文字1，淡色50%"到白色）、无轮廓、阴影为"偏移，左下"；按钮上添加文字，分别为"三项原则""六大看点""六大特征"，字体格式采用"华文中宋、加粗、小二号、黑色"。

操作步骤：

（1）单击"插入"选项卡"插图"组中的"形状"按钮，在打开的下拉列表中选择"矩形：圆角"选项，然后在页面上用鼠标绘制出一个"圆角矩形"按钮，在"绘图工具/格式"选项卡"大小"组中将高度设置为1.5 cm，宽度设置为4.5 cm。

（2）选中绘制的按钮，单击"绘图工具/格式"选项卡"形状样式"组中的"形状填充"按钮，在下拉列表中选择"渐变/其他渐变"命令，在窗口右侧出现"设置形状格式"窗格，在"填充"栏中选中"渐变填充"，然后在下方的渐变光圈中删除多余的渐变光圈，将左边渐变光圈的颜色设置为"黑色，文字1，淡色50%"，右边渐变光圈的颜色设置为"白色"，并在"形状样式"组的"形状轮廓"中选择"无轮廓"，如图2-2-7所示。

（3）选中绘制的按钮，单击"绘图工具/格式"选项卡"形状样式"组中的"形状效果"按钮，在下拉列表中选择"阴影/偏移：左下"选项。

图2-2-7　"设置形状格式"窗格

（4）右击该按钮，在弹出的快捷菜单中选择"添加文字"命令，输入"三大原则"，并将其字体设置为"华文中宋、加粗、小二号、黑色"。绘制效果如图2-2-8所示。

（5）用上述相同的办法来制作"六大看点"和"六大特征"两个按钮，也可以采用复制"三大原则"按钮，然后将按钮文字更改一下即可，最后将三个按钮放置在如样例所示的位置。

图2-2-8　"三大原则"按钮

6. 按照样图，在相应的位置插入3个文本框，分别添加相关文字（文字可从"文字素材.txt"文件中复制），适当调整文本框的大小和位置，文本框中的文字均采用宋体、小四号、加粗、白色，行间距为1.5倍，并添加合适的项目符号和编号。

操作步骤：

（1）单击"插入"选项卡"文本"组中的"文本框"按钮，在打开的下拉列表中选择"绘制横排文本框"命令，然后在相应位置绘制出一个文本框。

（2）选中文本框，分别单击"绘图工具/格式"选项卡"形状样式"组中的"形状填充"和"形状轮廓"按钮，设置为"无填充"和"无轮廓"。

（3）打开"文字素材.txt"文件，通过复制的方法，将相关文字粘贴到文本框中，选择文字后利用"开始"选项卡"字体"和"段落"组中的相关命令设置其格式为：宋体、小四号、1.5倍行间距，添加项目符号和编号。效果如图2-2-9所示。

图2-2-9　三个文本框的效果

7. 在相应位置插入"盾牌.png"图片，适当调整大小后，在标题位置衬于文字下方。

操作步骤：

（1）单击"插入"选项卡"插图"组中的"图片"按钮，在打开的"插入图片"对话框中选择素材文件夹中的"盾牌.png"图片文件。

（2）选中该图片，适当调整大小后，单击"图片工具/格式"选项卡"排列"组中的"环绕文字"按钮，在下拉列表中选择"衬于文字下方"命令，并按照图2-2-10所示调整位置。

图2-2-10　图片衬于文字下方效果

8. 在相应位置插入"插图.jpg"图片，调整高为4 cm、宽为7.7 cm，图片样式设置为"映像圆角矩形"。

（1）单击"插入"选项卡"插图"组中的"图片"按钮，在打开的"插入图片"对话框中选择素材文件夹中的"插图.jpg"图片文件。

（2）选中该图片，单击"图片工具/格式"选项卡"排列"组中的"环绕文字"按钮，在下拉列表中选择"浮于文字上方"，单击"图片工具/格式"选项卡"大小"组中的对话框启动器按钮，弹出"布局"对话框，选择其中的"大小"选项卡，取消选中"锁定纵横比"复选框，然后分别设置其高度为4 cm，宽度为7.7 cm，单击"确定"按钮后并按样图调整位置。

（3）选中图片，选择"图片工具/格式"选项卡"图片样式"列表中的"映像圆角矩形"选项，效果如图2-2-11所示。

图2-2-11　图片样式的设置

全部操作完成后，可选择"文件"选项卡中的"打印"命令，查看预览效果，最后选择"文件"选项卡中的"保存"命令即可。

四、实训拓展

利用"项目2\实训2"文件夹中提供的"统计学简介.docx"文档，参照图2-2-12所示的样图，根据提示进行相关的操作，操作结果保存在 C:\KS 文件夹中。

视频 ●······

文本框内部边距

视频 ●······

更改艺术字样式

图2-2-12　"统计学简介"版面效果

操作提示：

（1）纸张可选用16开（18.4 cm×26 cm），页边距可设置为上、下、左、右均为2 cm。

（2）标题文字的字体可选用"微软雅黑"，大小"二号"，文本效果为"填充:蓝色，主题色5"；边框："白色，背景色1"；清晰阴影："蓝色，主题色5"，并居中。

（3）最后三个段落添加项目符号"➢"，正文所有段落无左右缩进、首行缩进2字符、行间距为固定值18磅。

（4）给正文第一段添加文本框，文本框的样式选用"中等效果-蓝色，强调颜色5"。

（5）在相应位置插入素材文件夹中的tj1.jpg和tj2.jpg图片，大小均为：高4 cm、宽6 cm，其中tj1.jpg图片在页面中间位置四周型环绕文字，tj2.jpg图片样式设置为"松散透视，白色"，位置在"底端居右，四周型文字环绕"。

（6）在文档相应位置插入如下的数学公式，并设置其字体大小为三号，蓝色。

$$\mu_x = \sqrt{\frac{\sigma^2}{n}\left(\frac{N-n}{N-1}\right)}$$

实训 3　文档中表格处理

一、实训目的与要求

1. 掌握表格的插入和表格属性的设置。
2. 掌握表格的基本编辑（单元格的合并、拆分等）。
3. 掌握表格和单元格格式的设置。
4. 掌握表格中公式的应用。

二、实训内容

1. 表格的插入和行高、列宽的调整。
2. 单元格的合并、拆分、底纹设置等。
3. 表格格式的设置。
4. 表格中公式的应用。

三、实训范例

上海雨翼广告设计公司为了扩大业务，需要招聘一批人才，现要求按图2-3-1所示样张，制作一份"应聘人员登记表"。结果以"应聘人员.docx"为文件名，存放在C:\KS文件夹中。

上海雨翼广告设计公司

应聘人员登记表

姓名		性别		出生日期		
民族		政治面貌		婚姻状况		贴照片
学历/学位		毕业院校				
健康状况		家庭住址				
通信地址				邮政编码		
电子邮箱				手机号码		
应聘岗位				期望薪酬		
信息技术应用能力	办公软件	平面设计	短视频编辑	微信小程序	其他应用	
外语能力	擅长语种		掌握程度		口语能力	
教育情况						
工作经历						
自我评价						

图2-3-1　"应聘人员登记表"样张

1. 新建一个 Word 文档，将其页边距设置为"窄"（即：上、下、左、右均为 1.27 cm），并以"应聘人员.docx"为文件名保存在 C:\KS 文件夹中。

操作步骤：

（1）启动 Word，默认新建了一个空白文档，在"布局"选项卡中选择"页面设置"组中的"页边距"，在下拉列表中选择"窄"。

（2）通过"文件"选项卡中的"另存为"命令，将其以"应聘人员.docx"为文件名保存在 C:\KS 文件夹中。

2. 在第一行输入标题文字"上海雨翼广告设计公司"，字体为华文中宋、一号、居中；副标题"应聘人员登记表"，字体为宋体、小二号、居中；插入一个 16 行 7 列的表格，并将所有单元格设置为宋体、五号、水平垂直均居中。

操作步骤：

（1）插入点定位后，输入指定文字，然后利用"开始"选项卡"字体"组和"段落"组中的相关选项设置字体格式和居中对齐。

（2）插入点定位后，单击"插入"选项卡"表格"组中的"表格"按钮，在下拉列表中选择"插入表格"命令，弹出如图 2-3-2 所示的"插入表格"对话框，设置为 7 列、16 行，单击"确定"按钮返回。

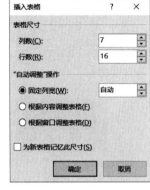

图 2-3-2　"插入表格"对话框

（3）选中表格，利用"开始"选项卡"字体"组中的相关选项设置字体和大小。单击"表格工具/布局"选项卡"对齐方式"组中的"水平居中"按钮，如图 2-3-3 所示，设置单元格中内容的水平和垂直居中。

图 2-3-3　"水平居中"按钮

3. 设置列宽，第 1、3、5 列为 2.5 cm、第 7 列为 3 cm，其余各列为 2.2 cm，设置行高，除第 12、14、16 行的行高为 3.4 cm 外，其余均为 1 cm；并将整个表格水平居中。

操作步骤：

（1）选中表格的第 1 列，然后选择"表格工具/布局"选项卡，在"单元格大小"组的"宽度"栏中输入 2.5，用同样的方法设置其他各列的列宽。

（2）先选中整个表，在"表格工具/布局"选项卡的"单元格大小"组"高度"栏中输入 1；再依次选中第 12 行、第 14 行、第 16 行，设置其行高为 3.4 cm。

（3）选中整个表，然后单击"开始"选项卡"段落"组中的"居中"按钮，或者利用"表格工具/布局"选项卡"表"组中的"属性"按钮,在弹出对话框中设置整个表格居中对齐。

4. 按照样张合并相关的单元格,并将第8、9行后6个单元格分别合并后再拆分成5个单元格,将第10行后6个单元格合并后拆分成等宽的6个单元格。

操作步骤:

(1)按照样张先选中第3行的第4~6个单元格,选择"表格工具/布局"选项卡,在"合并"组中单击"合并单元格"按钮(见图2-3-4)。用同样的方法对照样张设置其他单元格的合并。

(2)选中第8行的第2~7个单元格,选择"表格工具/布局"选项卡,在"合并"组中单击"拆分单元格"按钮,弹出如图2-3-5所示的对话框,"列数"栏中输入5,并选中"拆分前合并单元格"复选框,单击"确定"按钮;用同样的方法将第9行和第10行的相关单元格进行合并后拆分。

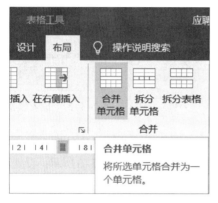

图2-3-4 "合并单元格"按钮

图2-3-5 "拆分单元格"对话框

5. 对照样张在相应的单元格中输入文字,并设置相关单元格的底纹为"白色,背景1,深色15%"。

操作步骤:

(1)按照样张将插入点依次定位在相关单元格中,输入文字。

(2)选中有文字的单元格,选择"表格工具/设计"选项卡,在"表格样式"组中单击"底纹"下拉按钮,在下拉列表中选择"白色,背景1,深色15%"。

6. 按照样张设置表格的边框线,外框为1.5磅单线框,内部除了第8、11、13、15行的上框为1.5磅单线框外,其余均为0.75磅单线框。

操作步骤:

(1)选中整个表格,单击"表格工具/设计"选项卡"边框"组中的"边框"下拉按钮,在下拉列表中选择"边框和底纹"命令,弹出图2-3-6所示的对话框。

(2)在"设置"区中选择"自定义",在"样式"列表中选择"单线",在"宽度"列表中选择"1.5磅",在"预览"区中分别单击"上""下""左""右"四个按钮来设置外框;然后在"样式"列表中选择"单线",在"宽度"列表中选择"0.75磅",在"预览"区中分别单击"水平中线"和"垂直中线"两个按钮来设置内部框线,单击"确定"按钮。

(3)选中第8行,按住【Ctrl】键再选中第11、13、15行,选择"表格工具/设计"选项卡,打开"边框和底纹"对话框,在"样式"列表中选择"单线",在"宽度"列表中选择"1.5磅",在"预览"区中单击"上框线"按钮来设置,最后单击"确定"按钮返回。

最后选择"文件/保存"命令完成表格的制作。

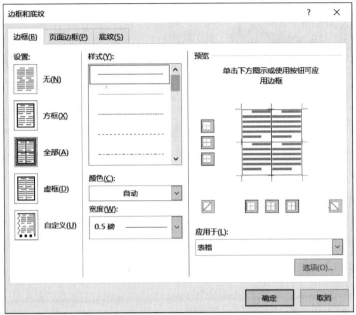

图 2-3-6　"边框和底纹"对话框

四、实训拓展

打开实训素材中"项目 2\实训 3\销售情况 .docx"文档，按下列要求进行操作，将结果保存在 C:\KS 文件夹中，最终效果如图 2-3-7 所示。

（1）将标题下的 8 行文本转换成 8 行 6 列的表格（以空格为分隔）。

（2）所有单元格中的文字和数据均设置为"小四"号大小，在单元格中水平和垂直居中，整个表格页面居中。

（3）整个表格先根据内容自动调整列宽，然后将 2 ~ 6 列的列宽设置为 2 cm，各行的行高设置为 0.75 cm。

（4）在最后一行相应单元格中运用公式或函数计算各类商品的合计数。

（5）按照样张自动套用表格样式为"网格表 5 深色 - 着色 1"。

艾达珠宝销售情况

时间	吊坠	戒指	手链	项链	耳钉
2020 年 1 月 ~ 3 月	50	21	31	26	67
2020 年 4 月 ~ 6 月	55	30	59	47	94
2020 年 7 月 ~ 9 月	60	41	78	69	104
2020 年 10 月 ~ 12 月	58	62	91	82	79
2021 年 1 月 ~ 3 月	71	74	80	109	124
2021 年 4 月 ~ 6 月	91	89	108	136	157
合计	385	317	447	469	625

图 2-3-7　"销售情况"结果

实践项目 3
电子表格处理

 ## 实训 1　工作表的基本操作

一、实训目的与要求

1. 掌握工作簿的创建及工作表的基本操作。
2. 掌握行、列、单元格和单元格区域的操作。
3. 掌握各类数据的输入。
4. 掌握行、列和单元格的操作和格式化。

二、实训内容

1. 创建新的工作簿文件。
2. 工作表的基本操作。
3. 工作表中各类数据的输入。
4. 行、列的插入和格式设置。
5. 单元格的基本操作和格式化。

三、实训范例

晨宇贸易公司因业务的发展，需要制作如图3-1-1所示的入库单，从而对仓库物品进行有效的管理。

图3-1-1　"入库单"样图

1. 在C:\KS文件夹中创建一个新的工作簿文件，文件名为"入库单.xlsx"，将Sheet1工作表的标签名改为"入库单"，颜色改为"深蓝"，然后按图3-1-2所示在相应的单元格中输入数据。

	A	B	C	D	E	F	G	H	I
1	晨宇数码电子贸易有限公司								
2	入库单								
3	序号	品名	规格	摘要	当前结存	数量	单价	单位	金额
4	1								
5	2								
6	3								
7	4								
8	5								
9	6								
10	7								
11	8								
12	9								
13	10								
14	金额合计（大写）								
15	备注								
16	经手人：				库管员：				

图3-1-2　文字输入

操作步骤：

（1）通过"开始"菜单启动"Excel 2016"，选择"文件/另存为/浏览"命令，在弹出的"另存为"对话框中，存储位置选择C:\KS文件夹，文件名为"入库单"，单击"保存"按钮。

（2）右击工作表标签"Sheet1"，在弹出的快捷菜单中选择"重命名"命令，输入文字"入库单"，再右击该工作表标签，在弹出的快捷菜单中选择"工作表标签颜色"命令，在列表中选择"深蓝色"。

（3）选中A1单元格，通过键盘输入标题文字"晨宇数码电子贸易有限公司"，利用相同的方法按图3-1-2所示在各个单元格中输入数据。

注意："序号"列除了可以通过键盘直接输入以外，也可以先在A4单元格中输入数字"1"，选中A4:A13区域，选择"开始"选项卡"编辑"组"填充"下拉列表中的"系列"选项，在弹出的"序列"对话框中进行设置，如图3-1-3所示，单击"确定"按钮。

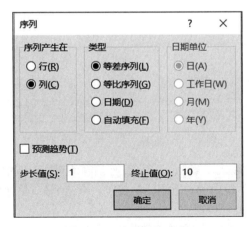

图3-1-3　自动填充序列

2. 在B列前插入1个空列，将"单位"所在的列移到"数量"列的前面；在第2行的下面插入1个空行，然后按图3-1-1所示在相应的单元格中输入数据。

操作步骤：

（1）选中第3行，单击"开始"选项卡"单元格"组中的"插入"按钮，在下拉列表中选择"插入工作表行"命令，在第2行的下面插入1个空行。

（2）选中第B列，单击"开始"选项卡"单元格"组中的"插入"按钮，在下拉列表中选择"插入工作表列"命令，然后在B4单元格中输入"编码"。

（3）选中"单位"所在的I列，单击"开始"选项卡"剪贴板"组中的"剪切"按钮，再选中"数量"所在的G列，右击，在弹出的快捷菜单中选择"插入剪切的单元格"命令。

（4）在A3、E3、I3单元格中分别输入"库房："""入库日期："""入库单号："。

3. 通过设置使A3、E3、I3单元格中显示"库房：_____""入库日期：_____""入库单号：_____"；在J15单元格中输入"￥_____元"，并在单元格中右对齐。

操作步骤：

（1）同时选中A3、E3、I3单元格，单击"开始/数字"组右下角的对话框启动器按钮，打开图3-1-4所示的对话框，在左侧"分类"中选择"自定义"，右侧类型框中输入"@*_"，单击"确定"按钮返回。

图3-1-4 设置"数字格式"对话框

（2）选中J15单元格，输入"￥_____元"，然后在编辑栏中选中这两个字中间的空格，单击"开始"选项卡"字体"组中的"下画线"按钮，再选中J15单元格，单击"开始"选项卡"对齐方式"组中的"右对齐"按钮。

4. 设置第1行标题文字的字体为"微软雅黑"、大小为18，在A1:J1单元格区域中合并居中，标题行的行高设置为30。设置第2行标题文字"入库单"的字体为"宋体"、大小为24、加粗，在A2:J2单元格区域中跨列居中。

操作步骤：

（1）选中A1单元格，在"开始"选项卡"字体"组中选择字体为"微软雅黑"、大小为18，并单击"加粗"按钮。

（2）选中A1:J1单元格区域，单击"开始"选项卡"对齐方式"组中的"合并后居中"按钮。

（3）选中第1行，单击"开始"选项卡"单元格"组中的"格式"按钮，在下拉列表中选择"行高"命令，在弹出对话框中输入"30"。

（4）选中A2单元格，然后在"开始"选项卡"字体"组中选择字体为"宋体"、大小为24，并单击"加粗"按钮。

（5）选中A2:J2单元格区域，单击"开始"选项卡"对齐方式"组右下角的对话框启动器按钮，打开图3-1-5所示的"设置单元格格式"对话框，在"对齐"选项卡的"水平对齐"列表中选择"跨列居中"，单击"确定"按钮即可。

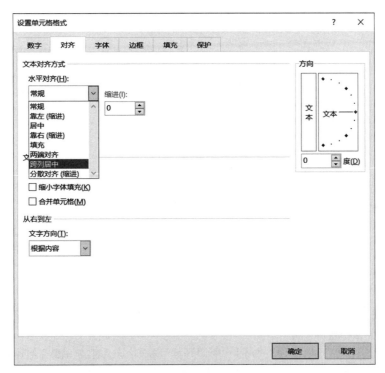

图3-1-5　"设置单元格格式/对齐"对话框

5. 设置除标题文字以外的字体均为宋体，大小12；将第3～4、15～17行的行高设置为25，第5～14行的行高设置为20；设置各列列宽，其中A列为6，B～D列、F～I列为10，E列为24，J列的列宽设置为20。

操作步骤：

（1）选中A3:J17单元格区域，然后选择"开始"选项卡"字体"组中的"宋体"和"12"。

（2）选中第3～4行，然后利用【Ctrl】键再选择15～17行，单击"开始"选项卡"单元格"组中的"格式"按钮，在下拉列表中选择"行高"命令，在弹出的对话框中输入"25"；选中第5～14行，用上述方法将行高设置为20。

（3）选中A列，单击"开始"选项卡"单元格"组中的"格式"按钮，在下拉列表中选择"列宽"命令，在弹出的对话框中输入"6"；选中B列～D列，然后利用【Ctrl】键选中F～I列，打开"列宽"对话框，将列宽设置为10；用同样方法将E列、J列的列宽分别设置为24和20。

6. 将A3:C3、E3:G3、I3:J3、A15:C15、D15:H15、A16:B16、C16:J16、A17:B17、C17:E17、F17:G17、H17:J17区域的单元格合并；将A4:J17区域中的各个单元格数据水平、垂直居中（除J15单元格外）。

操作步骤：

（1）选中A3:C3单元格区域，单击"开始"选项卡"对齐方式"组右下角的对话框启动器按钮，打开图3-1-6所示的对话框，在"对齐"选项卡中选中"合并单元格"复选框，单击"确定"按钮。

也可以直接利用"开始"选项卡"对齐方式"组"合并后居中"下拉列表中的"合并单元格"命令，如图3-1-7所示。

图3-1-6 "设置单元格格式"对话框　　　　图3-1-7 "合并后居中"下拉列表

（2）用上述方法将A15:C15、D15:H15、A16:B16、C16:J16、A17:B17、C17:E17、F17:G17、H17:J17区域的单元格合并。

（3）选中A4:J17单元格区域，分别单击"开始"选项卡"对齐方式"组中的"垂直居中"和"水平居中"按钮，然后再选中J15单元格，单击"开始"选项卡"对齐方式"组中的"右对齐"按钮。

7. 参照图3-1-1所示将A4:J17区域设置表格框线，外框为粗单线，内部为细单线；取消H15单元格右侧的框线；将A4:J4区域的填充颜色设置为"白色，背景1，深色25%"（第4行第1列）。

操作步骤：

（1）选中A4:J17区域，右击，在弹出的快捷菜单中选择"设置单元格格式"命令，打开"设置单元格格式"对话框，选择"边框"选项卡，在左侧"直线/样式"中选择"粗单线"，单击右侧"预置"中的"外边框",再在左侧"直线/样式"中选择"细单线",单击右侧"预置"中的"内部",如图3-1-8所示,单击"确定"按钮。

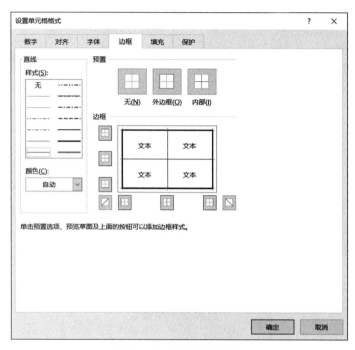

图3-1-8　设置表格框线

（2）选中D15:H15区域,右击,在快捷菜单中选择"设置单元格格式"命令,打开"设置单元格格式"对话框,选择"边框"选项卡,在左侧"线条样式"中选择"无",单击右侧"边框"中的"右边框"（取消区域的右侧边框）,单击"确定"按钮。

（3）选中A4:J4区域,单击"开始"选项卡"字体"组中的"填充颜色"右侧的下拉按钮,在下拉列表中选中第4行第1列的颜色。

8. 将J5:J14单元格区域命名为"JE";将纸张方向更改为"横向";复制"入库单"工作表,并将复制的"入库单"工作表改名为"入库单（空白）"。

操作步骤:

（1）选中J5:J14单元格区域,单击"公式"选项卡"定义的名称"组中的"定义名称"按钮,在下拉列表中选择"定义名称"命令,在弹出的"新建名称"对话框"名称"文本框中输入"JE",如图3-1-9示,单击"确定"按钮。

注意:也可以选中区域后,直接在"名称"文本框中输入"JE",然后单击"确定"按钮。

（2）选择"页面布局"选项卡"页面设置"组中的"纸张方向/横向"来改变打印方向。

（3）右击"入库单"工作表标签,在弹出的快捷菜单中选择"移动或复制"命令,弹出图3-1-10所示的"移动或复制工作表"对话框,在该对话框中勾选"建立副本"复选框,并选择"(移至最后)",单击"确定"按钮。

（4）右击副本"入库单（2）"工作表标签,在快捷菜单中选择"重命名"命令,将原工作表标签改名为"入库单（空白）"。

全部操作完成后,可以选择"文件/保存"命令,或直接单击快速访问工具栏上的"保存"按钮。

图 3-1-9 "新建名称"对话框

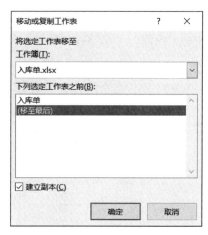

图 3-1-10 "移动或复制工作表"对话框

四、实训拓展

晨宇贸易公司销售部因业务需要,安排办公室人员设计制作一张"月度费用明细表",相关数据和格式如图 3-1-11 所示,具体要求如下。

分类	项目	金额	累计金额	预算	预算比	备注
固定费用	(1) 工资					
	(2) 销售奖金					
	(3) 福利费					
	(4) 劳保费					
	(5) 租金					
	(6) 折旧费					
	(7) 其他					
	小计					
变动费用	(1) 差旅费					
	(2) 交通费					
	(3) 招待费					
	(4) 通信费					
	(5) 销售佣金					
	(6) 修理费					
	(7) 快递费用					
	(8) 促销费					
	(9) 宣传费					
	(10) 其他					
	小计					
合计						

图 3-1-11 "月度费用明细表"结果

1. 新建一个工作簿文件,以"费用明细表.xlsx"为文件名保存在 C:\KS 文件夹中;将工作表 Sheet1 改名为"费用明细表",参照图 3-1-11 在相应的单元格中输入有关的数据。

2. 标题文字采用黑体、22 磅、加粗,在 A1:G1 区域内合并居中;将 A5:A12、A13:A23 单元格合并,并使 A5.A12、A13:A23 区域合并后的文字竖排。

3. 将第3行的行高设置为8，其余各行的行高均为25，A列的列宽为10，B列的列宽为16，其余各列的列宽为12。

4. 所有单元格内的文字（除标题外）设置为宋体、大小为12，A4:G4、A5:A24区域的文字加粗；将A2、E2单元格设置右对齐、B5:B11、B13:B22单元格区域设置水平左对齐、垂直居中，其余单元格内容均设置水平、垂直居中。

5. 将B2、F2、G2设置单元格的下边框。将A4:G24单元格区域添加内、外均为细单线的边框。

实训 2　公式与函数运用

一、实训目的与要求

1. 理解单元格地址的三种引用。
2. 熟练掌握公式和函数的使用。
3. 熟练掌握工作表的格式化。
4. 掌握页眉页脚和页面的设置。

●视频

日期函数

二、实训内容

1. 运用公式和函数进行各类数据统计。
2. 设置行、列、单元格的格式和条件格式的应用。
3. 页面设置和页眉页脚的设置。

三、实训范例

智能物联2103班2020～2021学年第一学期期末考试后，辅导员需要对"学生成绩表"进行汇总，并对该表格进行相应的格式化，制作图3-2-1所示的汇总表格。

图 3-2-1　"学生成绩表"统计结果

1．打开实训素材中的"项目3\实训2\学生成绩表.xlsx"工作簿文件，在相应单元格中计算每个学生的总分、名次。

操作步骤：

（1）双击打开实训素材中的"学生成绩表.xlsx"工作簿文件，或启动Excel后，利用"文件"选项卡中的"打开"命令来打开"学生成绩表.xlsx"工作簿文件。

（2）选中K3单元格，单击"开始"选项卡"编辑"组中的"Σ"按钮，选中D3:J3单元格区域，按【Enter】键确认，选中K3单元格，用鼠标拖动该单元格右下角的自动填充柄至K25单元格，实现公式的复制。

（3）选中L3单元格，单击"公式"选项卡"函数库"组中的"插入函数"按钮，弹出图3-2-2所示的"插入函数"对话框，在"搜索函数"框中输入"RANK"，单击"转到"按钮，在"选择函数"框中选中"RANK"，单击"确定"按钮，弹出图3-2-3所示的"函数参数"对话框，进行参数设置后，单击"确定"按钮；选中L3单元格，用鼠标拖动该单元格右下角的自动填充柄至L25单元格，实现公式的复制。

注意： Ref参数必须要使用单元格的绝对引用。

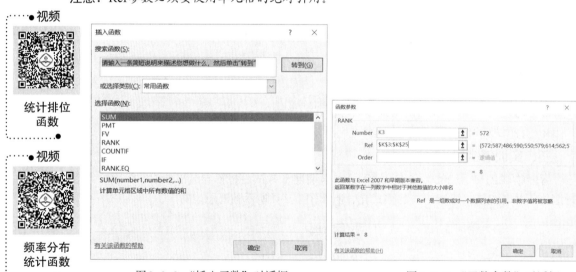

视频

统计排位函数

视频

频率分布统计函数

图3-2-2 "插入函数"对话框   图3-2-3 "函数参数"对话框

2．根据规则统计每个学生的获奖情况，规则是：总分在595分以上（含595分），且各科成绩均在80分以上（含80分）的在相应单元格中显示"获奖"，否则为空。

操作步骤：

（1）选中M3单元格，单击"公式"选项卡"函数库"中的"插入函数"按钮，弹出"插入函数"对话框，在"选择函数"列表中选择"IF"，单击"确定"按钮，弹出"函数参数"的对话框。

（2）在"Logical_test"框中输入K3>=595，在"Value_if_false"框中输入：""（代表空字符串），光标停留在"Value_if_true"框中，直接单击编辑栏左侧（原名称框）中的"IF"函数，弹出嵌套IF的函数参数对话框，在"Logical_test"框中输入MIN(D3:J3)>=80，在"Value_if_true"框中输入"获奖"，在"Value_if_false"框中输入：""，如图3-2-4所示（注意查看"编辑栏"中的公式），单击"确定"按钮。最后用鼠标拖动M3单元格右下角的自动填充柄到M25单元格，实现公式的复制。

注意： 公式与函数中使用的标点符号均采用英文标点符号。

图 3-2-4　嵌套 IF 函数的使用

3. 在 D26 开始的单元格区域内统计各科成绩的平均分、最高分、最低分和及格率，其中平均分保留1位小数，及格率采用百分比样式，并保留1位小数。

操作步骤：

（1）选中 D3:J26 单元格，单击"开始"选项卡"编辑"组中的"Σ"右侧的按钮，在下拉列表中选择"平均值"项（见图 3-2-5），即可直接计算出各科的平均分；选中 D26:J26 区域，通过单击"开始"选项卡"数字"组中的"减少小数位数"按钮使平均分的值保留1位小数。

图 3-2-5　使用"自动求平均值"

（2）选中 D27 单元格，通过键盘直接输入函数"=MAX(D3:D25)"，按【Enter】键，选中 D27 单元格，用鼠标拖动该单元格右下角的自动填充柄至 J27 单元格。

（3）选中 D28 单元格，通过键盘直接输入函数"=MIN(D3:D25)"，按【Enter】键，选中 D28 单元格，用鼠标拖动该单元格右下角的自动填充柄至 J28 单元格。

（4）选中 D29 单元格，输入公式"=COUNTIF(D3:D25,">=60")/COUNT(D3:D25)"，按【Enter】键，选中 D29 单元格，用鼠标拖动该单元格的自动填充柄至 J29 单元格。选中 D29:J29 区域，通过单击"开始"选项卡"数字"组中的"百分比样式"项和"增加小数位数"项来设置其百分比样式和保留1位小数。

4. 将标题文字设置为华文隶书、20磅，在 A1:M1 区域内跨列居中；将第2行的行高设置为30，其余各行的行高为20；除 B 列、K 列～M 列的列宽为10外，其余各列均采用根据内容自动调整列宽。

操作步骤：

（1）选中 A1 单元格，在"开始"选项卡"字体"组中的"字体"下拉列表中选择"华文隶书"、在字体大小列表中选择"20"磅。

（2）选中A1:M1单元格区域，单击"开始"选项卡"对齐方式"组右下角的对话框启动器按钮，打开"设置单元格格式"对话框的"对齐"选项卡，在"水平对齐"下拉列表中选择"跨列居中"选项（见图3-2-6），单击"确定"按钮。

图3-2-6　"设置单元格格式"对话框

（3）选中第2行，选择"开始"选项卡"单元格"组"格式"列表中的"行高"命令，在弹出的对话框中输入30；选择第3行到第29行，用上述方法设置行高为20。

（4）选中A列到J列，选择"开始"选项卡"单元格"组"格式"列表中的"自动调整列宽"命令；选中B列，然后按住【Ctrl】键，依次再选中K、L、M列，选择"开始"选项卡"单元格"组"格式"列表中的"列宽"命令，在弹出的对话框中输入10。

5. 根据图3-2-1所示合并相关单元格，将A26:A29区域的文字纵向排列，A2:M29区域的所有单元格中的文字和数据大小均设置为12磅，对齐方式均采用水平、垂直居中。在K26单元格中通过设置输入"辅导员签名：_____"，

操作步骤：

（1）选中A26:A29区域，单击"开始"选项卡"对齐方式"组右下角的对话框启动器按钮，打开"设置单元格格式"对话框的"对齐"选项卡，勾选"合并单元格"复选框，在右侧"方向"栏中选择"纵向排列"，单击"确定"按钮。

（2）选中B26:C26区域，单击"开始"选项卡"对齐方式"组中的"合并后居中"按钮，用相同的方法将B27:C27、B28:C28、B29:C29、K26:M29区域的单元格合并。

（3）选中A2:M29区域，选择"开始"选项卡"字体"组中的字体大小列表中的12磅，分别单击"对齐方式"组中的"垂直居中"和"水平居中"按钮。

（4）选择K26单元格（K26:M29已合并），打开"设置单元格格式"对话框，在"数字"选项卡中选择"自定义"，类型为"@*_"，单击"确定"按钮返回，然后通过键盘输入"辅导员签名："，按【Enter】键确认。

6. 设置条件格式，将D3:J25区域内成绩大于等于90分，用蓝色加粗显示，小于60分用红色加粗显示。

操作步骤：

（1）选中D3:J25区域，单击"开始"选项卡"样式"组中的"条件格式"下拉按钮，在下拉列表中选择"管理规则"命令，打开"条件格式规则管理器"对话框，如图3-2-7所示。

图3-2-7 "条件格式规则管理器"对话框

（2）单击"新建规则"按钮，弹出"新建格式规则"对话框，在"选择规则类型"中选择"只为包含以下内容的单元格设置格式"，在"编辑规则说明"中，逻辑关系选择"大于或等于"，数值栏中输入90，单击"格式"按钮，在弹出的"设置单元格格式"对话框中选择"蓝色、加粗"，单击"确定"按钮返回图3-2-8所示的对话框，再单击"确定"按钮，返回"条件格式规则管理器"对话框。

图3-2-8 "新建格式规则"对话框

（3）再次单击"新建规则"按钮，弹出"新建格式规则"对话框，在"选择规则类型"中选择"只为包含以下内容的单元格设置格式"，在"编辑规则说明"中，逻辑关系选择"小于"，数值栏中输入60，单击"格式"按钮，在弹出的"设置单元格格式"对话框中选择"红色、加粗"，单击"确定"按钮返回，再单击"确定"按钮，返回"条件格式规则管理器"对话框，如图3-2-9所示，最后单击"确定"按钮。

7．表格列标题（A2:M2）所在区域设置填充颜色为"浅蓝"，文字颜色为白色；其余各行参照样张采用间隔的方法将区域的填充颜色设置为"深蓝，文字2，淡色80%"，参照样张添加表格边框。

图3-2-9　建立好规则的"条件格式规则管理器"对话框

操作步骤：

（1）选中A2:M2区域，单击"开始"选项卡"字体"组中的"填充颜色"下拉按钮，选择下拉列表标准色中的"浅蓝"；通过"字体颜色"下拉列表选择"白色"。

（2）选中A4:M4，然后按住【Ctrl】键，依次选中A6:M6、A8:M8、A10:M10、A12:M12、A14:M14、A16:M16、A18:M18、A20:M20、A22:M22、A24:M24相间隔的区域，单击"开始"选项卡"字体"组中的"填充颜色"下拉按钮，在下拉列表中选择"深蓝，文字2，淡色80%"。

（3）选中A2:M29区域，在右键快捷菜单中选择"设置单元格格式"命令，在弹出的对话框中选择"边框"选项卡，在"样式"中选择"中粗单线"（5行2列），在"预置"中选择"外边框"，再在"样式"中选择"细单线"，在"预置"中选择"内部"，单击"确定"按钮。

（4）选中A3:M25区域，在右键快捷菜单中选择"设置单元格格式"命令，在弹出的对话框中选择"边框"选项卡，在"样式"中选择"中粗单线"，在"边框"中分别选择"上框线"和"下框线"。

（5）选中J2:J29区域，在右键快捷菜单中选择"设置单元格格式"命令，在弹出的对话框中选择"边框"选项卡，在"样式"中选择"中粗单线"，在"边框"中选择"右框线"。

8．设置页面，将工作表调整为一页，上、下页边距为2 cm，左右页边距为1.5 cm，水平居中；在页眉左侧添加文字"智能物联2103班"和日期。

操作步骤：

（1）选择"文件"→"打印"命令，在中间的"设置"区中单击"无缩放"按钮，在"列表"中选择"将工作表调整为一页"选项，如图3-2-10所示。

（2）再单击"自定义边距"按钮，选择"自定义页边距"命令，在弹出的图3-2-11所示的对话框中设置上、下页边距为2 cm，左、右页边距为1.5 cm，并勾选居中方式中的"水平"复选框。

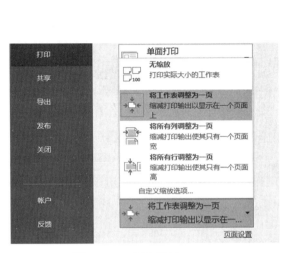
图 3-2-10　打印设置

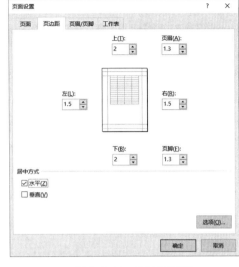
图 3-2-11　页边距设置

（3）单击"视图"选项卡"工作簿视图"组中的"页面布局"按钮，使工作簿窗口切换到页面布局窗口，光标定位于左侧页眉的区域，通过键盘输入"智能物联 2103 班"。

（4）光标定位于上述文字的后面，单击"页眉和页脚工具/设计"选项卡"页眉和页脚元素"组中的"当前日期"按钮，如图 3-2-12 所示。

（5）完成后可以选择"文件"→"另存为"命令，将该工作簿文件以原文件名保存在 C:\KS 文件夹中。

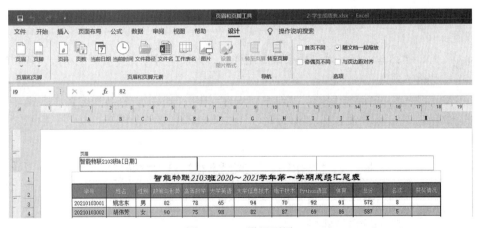
图 3-2-12　设置页眉

四、实训拓展

打开实训素材中的"项目 3\实训 2\个税计算.xlsx"工作簿文件，按下列要求进行操作，操作完成后以原文件名保存在 C:\KS 文件中。操作结果如图 3-2-13 所示。

（1）利用公式计算每个职工的"绩效奖励"[（等级工资 + 聘任津贴）× 绩效系数]、应发合计（等级工资 + 聘任津贴 + 绩效奖励）、三险一金（应发合计 × 18%）、应纳税所得额（应发合计 − 三险一金 − 5 000）。

员工编号	姓名	部门	职务	等级工资	聘任津贴	绩效奖励	应发合计	三险一金	应纳税所得额	应缴个税	实发工资
									绩效系数		0.85
XZ009001	严旭琪	人事部	董事长	¥ 20,000.00	¥ 5,000.00	¥ 21,250.00	¥ 46,250.00	¥ 8,325.00	¥ 32,925.00	¥ 5,571.25	¥ 32,353.75
XZ009002	肖龙	研发部	经理	¥ 15,000.00	¥ 4,000.00	¥ 16,150.00	¥ 35,150.00	¥ 6,327.00	¥ 23,823.00	¥ 3,354.60	¥ 25,468.40
XZ009003	韩丽	研发部	普通员工	¥ 6,500.00	¥ 2,000.00	¥ 7,225.00	¥ 15,725.00	¥ 2,830.50	¥ 7,894.50	¥ 579.45	¥ 12,315.05
XZ009004	成华峰	销售部	普通员工	¥ 8,500.00	¥ 2,500.00	¥ 9,350.00	¥ 20,350.00	¥ 3,663.00	¥ 11,687.00	¥ 958.70	¥ 15,728.30
XZ009005	刘雯婉	人事部	普通员工	¥ 6,000.00	¥ 2,000.00	¥ 6,800.00	¥ 14,800.00	¥ 2,664.00	¥ 7,136.00	¥ 503.60	¥ 11,632.40
XZ009006	付晓强	厂办	经理	¥ 12,500.00	¥ 4,000.00	¥ 14,025.00	¥ 30,525.00	¥ 5,494.50	¥ 20,030.50	¥ 2,596.10	¥ 22,434.40
XZ009007	孙小平	研发部	普通员工	¥ 5,500.00	¥ 2,000.00	¥ 6,375.00	¥ 13,875.00	¥ 2,497.50	¥ 6,377.50	¥ 427.75	¥ 10,949.75
XZ009008	王亚萍	研发部	普通员工	¥ 8,500.00	¥ 3,000.00	¥ 9,775.00	¥ 21,275.00	¥ 3,829.50	¥ 12,445.50	¥ 1,079.10	¥ 16,366.40
XZ009009	杨淑琴	财务部	普通员工	¥ 8,000.00	¥ 2,000.00	¥ 8,500.00	¥ 18,500.00	¥ 3,330.00	¥ 10,170.00	¥ 807.00	¥ 14,363.00
XZ009010	王华荣	销售部	普通员工	¥ 4,500.00	¥ 1,500.00	¥ 5,100.00	¥ 11,100.00	¥ 1,998.00	¥ 4,102.00	¥ 200.20	¥ 8,901.80
XZ009011	姚小奇	生产部	经理	¥ 11,000.00	¥ 4,000.00	¥ 12,750.00	¥ 27,750.00	¥ 4,995.00	¥ 17,755.00	¥ 2,141.00	¥ 20,614.00
XZ009012	杨海涛	研发部	普通员工	¥ 5,000.00	¥ 1,800.00	¥ 5,780.00	¥ 12,580.00	¥ 2,264.40	¥ 5,315.60	¥ 321.56	¥ 9,994.04
XZ009013	于伟平	生产部	普通员工	¥ 5,000.00	¥ 2,000.00	¥ 5,950.00	¥ 12,950.00	¥ 2,331.00	¥ 5,619.00	¥ 351.90	¥ 10,267.10
XZ009014	李泉波	财务部	副经理	¥ 10,500.00	¥ 3,000.00	¥ 11,475.00	¥ 24,975.00	¥ 4,495.50	¥ 15,479.50	¥ 1,685.90	¥ 18,793.60
XZ009015	李正荣	人事部	普通员工	¥ 7,500.00	¥ 2,000.00	¥ 8,075.00	¥ 17,575.00	¥ 3,163.50	¥ 9,411.50	¥ 731.15	¥ 13,680.35
XZ009016	吴海燕	人事部	普通员工	¥ 9,600.00	¥ 3,000.00	¥ 10,710.00	¥ 23,310.00	¥ 4,195.80	¥ 14,114.20	¥ 1,412.84	¥ 17,701.36
XZ009017	周莉莉	销售部	经理	¥ 13,500.00	¥ 4,000.00	¥ 14,875.00	¥ 32,375.00	¥ 5,827.50	¥ 21,547.50	¥ 2,899.50	¥ 23,648.00
XZ009018	谢杰	厂办	经理	¥ 7,200.00	¥ 1,800.00	¥ 7,650.00	¥ 16,650.00	¥ 2,997.00	¥ 8,653.00	¥ 655.30	¥ 12,997.70
XZ009019	汤建	生产部	普通员工	¥ 5,500.00	¥ 2,000.00	¥ 6,205.00	¥ 13,505.00	¥ 2,430.90	¥ 6,074.10	¥ 397.41	¥ 10,676.69
合计				¥ 169,800.00	¥ 51,400.00	¥ 188,020.00	¥ 409,220.00	¥ 73,659.60	240,560.40	¥ 26,674.31	¥ 308,886.09
									制表员:	陈双博	审核员:	贺慧娟

图 3-2-13 "个税计算"结果

（2）根据如下工资缴税标准来统计每个员工的应缴个税。

① 如果应纳税所得额大于等于 25 000，则个税为：应纳税所得额 *25%–2 660；

② 如果应纳税所得额大于等于 12 000，且小于 25 000，则个税为：应纳税所得额 *20%–1 410；

③ 如果应纳税所得额大于等于 3 000，且小于 12 000，则个税为：应纳税所得额 *10%–210；

视频

条件函数

④ 如果应纳税所得额小于 3 000，则个税为：应纳税所得额 *3%–0。

个税计算公式：应纳税所得额 * 税率–速算扣除数。

注意：本例中对于应纳税所得额在 35 000 元以上的暂不讨论。

（3）利用公式计算每位员工的实发工资（应发合计 – 三险一金 – 应缴个税），以及在 E23:L23 计算每项的合计金额。

（4）设置 E4:L23 单元格区域采用会计专用样式，人民币符号，保留两位小数，各列的列宽设置为"自动调整列宽"。

（5）A3:L23 区域套用表格样式"水绿色，表样式中等深浅 6"，并转换为普通区域。

（6）合并居中 A23:D23 单元格区域的内容，设置 L4:L22 区域的条件格式为"浅蓝色数据条"。

实训 3　数据应用与管理

视频

自动筛选

一、实训目的与要求

1. 掌握 Excel 中数据的管理和分析。
2. 掌握数据的排序、筛选、分类汇总、数据透视表的操作。
3. 掌握 Excel 图表的创建和设置。

二、实训内容

1. 单关键字和多关键字的排序操作。
2. 自动筛选和高级筛选的操作。
3. 分类汇总的建立和分级显示。

4. 数据透视表的建立和设置。

5. 创建图表和图表的格式化。

三、实训范例

实训素材"项目 3\实训 3\工资表 .xlsx"工作簿文件的 3 个工作表中分别记录着雨禾集团公司行政部门所有员工在 2021 年 4 ~ 6 月的工资情况（见图 3-3-1），现要求根据这些数据进行有关的分析和管理。

图 3-3-1　员工 2021 年 4 ~ 6 月的工资表

1. 对"4 月"工作表中的数据按"部门"升序，若"部门"相同按"职务"升序排列，若"职务"相同再按"实发工资"降序排列。

操作步骤：

（1）选择"4 月"工作表标签，然后选中该工作表中的 A3:K22 区域，在"数据"选项卡的"排序和筛选"组中单击"排序"按钮，弹出"排序"对话框。

（2）在"排序"对话框中，在"主要关键字"列表中选择"部门"，在"排序依据"列表中选择"单元格值"，在"次序"列表中选择"升序"。

（3）单击"添加条件"按钮，添加"次要关键字"行，在"次要关键字"列表中选择"职务"，在"排序依据"列表中选择"单元格值"，在"次序"列表中选择"升序"。

（4）再单击"添加条件"按钮，添加"次要关键字"行，在"次要关键字"列表中选择"实发工资"，在"排序依据"列表中选择"单元格值"，在"次序"列表中选择"降序"，如图 3-3-2 所示。

图 3-3-2　"排序"对话框

2．对"4月"工作表中的数据筛选出实发工资大于 12 000 的普通员工，把筛选结果复制到 A24 开始的区域，然后再取消筛选。

（1）选中 A3:K22，在"数据"选项卡的"排序和筛选"组中单击"筛选"按钮，在表格每个列标题的右侧出现"筛选"标记。

（2）单击"职务"列标题右侧的"筛选"标记，在下拉列表中勾选"普通员工"，再单击"实发工资"列标题右侧的"筛选"标记，在下拉列表中选择"数字筛选"中的"大于"命令，弹出"自定义自动筛选方式"对话框。

（3）在对话框左侧的列表中选择"大于"，在右侧框中输入 12 000，如图 3-3-3 所示，单击"确定"按钮。

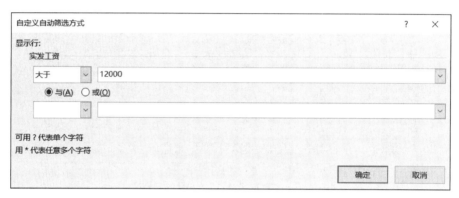

图 3-3-3　"自定义自动筛选方式"对话框

（4）选中筛选结果区域，单击"开始"选项卡"剪贴板"组中的"复制"按钮，再选中 A24 单元格，单击"开始"选项卡"剪贴板"组中的"粘贴"按钮。

（5）单击"数据"选项卡"排序和筛选"组中的"筛选"按钮，即可取消筛选。

3．对"4月"工作表中的数据筛选出实发工资大于 23 000 的经理和实发工资大于 15 000 的普通员工，把筛选结果复制到 A33 开始的区域（筛选条件可建立在 M3 开始的区域）。

操作步骤：

（1）如图 3-3-4 所示，在 M3 单元格开始的区域内建立筛选条件区域。

（2）选中 A3:K22，单击"数据"选项卡的"排序和筛选"组中"高级"按钮，弹出"高级筛选"对话框，如图 3-3-5 所示进行设置，单击"确定"按钮。

● 视频

高级筛选

图 3-3-4　高级筛选的条件

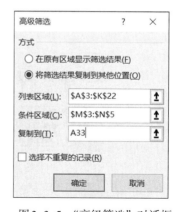

图 3-3-5　"高级筛选"对话框

4. 对"5月"工作表中的数据利用分类汇总的方法统计各部门"实发工资"的总和，分级显示2级明细。

操作步骤：

（1）选择"5月"工作表标签，然后选中该工作表中的A3:K22区域，单击"数据"选项卡"排序和筛选"组中的"排序"按钮，在弹出的"排序"对话框中选择主要关键字"部门"，单击"确定"按钮。

（2）单击"数据"选项卡"分级显示"组中"分类汇总"按钮，在弹出的"分类汇总"对话框的"分类字段"中选择"部门"，"汇总方式"选择"求和"，在"选定汇总项"中勾选"实发工资"项，如图3-3-6所示，单击"确定"按钮。

（3）单击工作表左侧分级显示栏上方的"2"按钮，效果如图3-3-7所示。

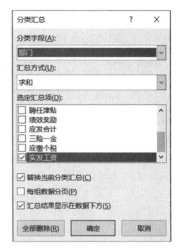

图 3-3-6　"分类汇总"对话框

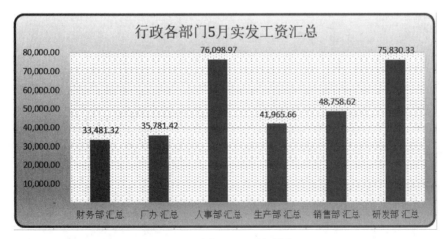

图 3-3-7　"分类汇总"效果

5. 利用上述对"5月"工作表分类统计的各部门"实发工资"总和，在C31:I45区域制作一个如图3-3-8所示的柱形图。图表样式为"样式12"，显示数据标签；整个图表区采用"渐变填充"，外框采用2.5磅粗线圆角；绘图区填充采用"点线:10%"图案；图表中除标题字体大小为16磅外，其余均为10磅。

视频

分类汇总

图 3-3-8　柱形图

操作步骤:

（1）保持上题2级明细的显示，选中C3、C6、C9、C14、C18、C22、C28和K3、K6、K9、K14、K18、K22、K28单元格，选择"插入"选项卡"图表"组中的"插入柱形图或条形图"按钮，在下拉列表中选择"簇状柱形图"，即可直接创建一个柱形图。

（2）利用鼠标调整图表大小，并移动到C31:I45区域，选择"图表工具/设计"选项卡"图表样式"中的"样式12"。

（3）选中图表，如图3-3-9所示，单击右上方的"添加图表元素"按钮，勾选"数据标签/数据标签外"。

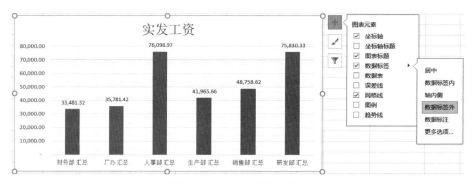

图3-3-9 添加图表元素

（4）双击图表区，在窗口右侧显示"设置图表区格式"窗格，如图3-3-10所示，在"填充"选项组中进行格式填充设置；如图3-3-11所示，在"边框"选项组中进行边框设置。

图3-3-10 图表区填充设置

图3-3-11 图表区边框设置

（5）双击绘图区，在窗口右侧显示"设置图表区格式"窗格，选中"填充"选项组中的"图案填充"单选按钮，在"图案"列表中选中"点线:10%"。

（6）选中图表，利用"开始"选项卡"字体"组将字号大小设置为10磅，光标定位于标题中，更改标题为"行政各部门5月实发工资汇总"，选中标题文字，将字号大小设置为16磅。

6．对"6月"工作表中的数据在B24单元格开始的位置制作一个如图3-3-12所示的数据透视表，透视表中的数据采用会计专用，人民币符号，保留2位小数，透视表样式采用镶边行，数据透视表样式为深色6。

平均值项:实发工资	列标签 ▼		
行标签 ▼	经理	普通员工	总计
财务部	¥ 19,147.84	¥ 14,658.20	¥ 16,903.02
厂办	¥ 22,867.36	¥ 13,263.38	¥ 18,065.37
人事部	¥ 32,968.75	¥ 14,620.44	¥ 19,207.52
生产部	¥ 21,007.60	¥ 10,682.96	¥ 14,124.51
销售部	¥ 24,107.20	¥ 12,563.58	¥ 16,411.45
研发部	¥ 25,966.96	¥ 12,650.01	¥ 15,313.40

图3-3-12　数据透视表效果图

视频

数据透视表

操作步骤：

（1）单击"6月"工作表标签，然后选中该工作表中的A3:K22区域，单击"插入"选项卡"表格"组中的"数据透视表"按钮，弹出"创建数据透视表"对话框，在"选择放置数据透视表的位置"选项组中选中"现有工作表"单选按钮，然后在"位置"文本框中输入B24，如图3-3-13所示，单击"确定"按钮。

图3-3-13　"创建数据透视表"对话框

（2）在工作表窗口右侧的"数据透视表字段"窗格中，利用鼠标将"部门"字段拖至"行"列表中，将"职务"字段拖至"列"列表中，将"实发工资"字段拖至"值"列表中，如图3-3-14所示。

（3）单击"值"列表中的字段，在下拉列表中选择"值字段设置"命令，在弹出的对话框中将"计算类型"设置为"平均值"，单击"确定"按钮，如图3-3-15所示。

图3-3-14　数据透视表字段"窗格"　　　　　　图3-3-15　值字段设置

（4）选中数据区域C26:E32，右击，在弹出的快捷菜单中选择"数字格式"命令，在弹出的对话框中选择"会计专用"，人民币符号，2位小数。

（5）将光标停留在数据透视表内，选择"数据透视表/设计"选项卡中的"布局"组，选择"总计"下拉列表中的"仅对行启用"命令。

（6）将光标停留在数据透视表内，选择"数据透视表/设计"选项卡中的"数据透视表样式"组，在下拉列表中选择深色区中的"天蓝，数据透视表样式深色6"，勾选"数据透视表样式选项"中的"镶边行"，效果如图3-3-12所示。

（7）完成后可以选择"文件"→"另存为"命令，将该工作簿文件以原文件名保存在C:\KS文件夹中。

四、实训拓展

●视频

高级筛选
示例

打开实训素材"项目3\实训3\采购表.xlsx"工作簿文件，按下列要求操作，操作完成后以原文件名保存在C:\KS文件夹中。

（1）将Sheet1工作表中"品牌"列移到"商品"列的前面，计算各个商品的采购金额（采购盒数*每盒数量*单价）；各列自动调整列宽；复制Sheet1工作表中的数据到Sheet2、Sheet3工作表中。

（2）对Sheet1工作表中的数据按"品牌"升序排列，若"品牌"相同则按"商品"降序排列，若"商品"相同则按"寿命（小时）"降序排列。

（3）对Sheet1工作表中的数据进行筛选，筛选条件是寿命在15 00 h以上的白炽灯。

（4）对Sheet2工作表中的数据采用分类汇总的方法汇总各品牌中各类商品的采购总金额。

（5）对Sheet2工作表中的数据按照图3-3-16所示在K5:Q13区域内创建一个柱形图，无图例，采用圆角边框，图表样式采用"样式9"，形状样式采用"彩色轮廓-红色，强调颜色2"，标题文字更改为"飞利浦各类白炽灯采购总额",大小为16磅。

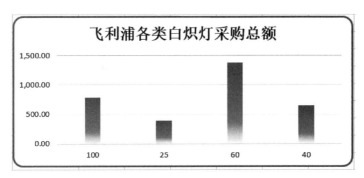

图 3-3-16　"飞利浦各类白炽灯采购总额"柱形图

(6)对Sheet3工作表中的数据在K2单元格开始的区域内创建一个如图3-3-17所示的数据透视表,所有数据均保留2位小数。

求和项:采购总额	列标签				
行标签	LED灯	白炽灯	氖灯	日光灯	总计
飞利浦	2970.00	3196.80	6400.00	1260.00	13826.80
雷士	2322.00	1306.80	1200.00	3525.00	8353.80
欧普	13350.00	1770.00	2800.00	1440.00	19360.00
总计	18642.00	6273.60	10400.00	6225.00	41540.60

图 3-3-17　数据透视表

实践项目 4

演示文稿制作

 实训 1　演示文稿的基本操作

一、实训目的与要求

1. 掌握演示文稿的新建、打开、保存和退出。
2. 掌握幻灯片母版和主题的应用。
3. 熟练掌握幻灯片的基本编辑操作。
4. 熟练掌握在幻灯片中插入各类对象。

二、实训内容

1. 演示文稿的新建和幻灯片母版的设置。
2. 文本和段落格式的设置。
3. 幻灯片的插入、复制、移动和删除。
4. 各类对象的插入与设置。
5. 应用逻辑节的制作。

三、实训范例

使用实训素材"项目4\实训1"文件夹中的相关素材，按下列要求操作，将最终结果以"慧雅诗韵.pptx"为文件名，保存在C:\KS文件夹中。

1. 新建空白演示文稿"慧雅诗韵.pptx"，将幻灯片的大小设置为"全屏显示(16:9)"。

操作步骤：

（1）启动 PowerPoint 2016，选择新建"空白演示文稿"，则创建仅包含"标题幻灯片"版式的"演示文稿1"，将该演示文稿以"慧雅诗韵.pptx"为文件名，保存在C:\KS文件夹中。

（2）调整幻灯片大小。单击"设计"选项卡"自定义"组中的"幻灯片大小"按钮，在下拉列表中选择"宽屏(16：9)"，或选择"自定义幻灯片大小"命令，弹出如图4-1-1所示的对话

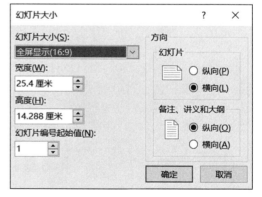

图4-1-1　"幻灯片大小"对话框

58

框，在"幻灯片大小"列表中选择"全屏显示(16∶9)"，然后单击"确定"按钮返回。

2. 设置幻灯片母版。将所有母版的背景色设置为渐变色（R:255、G:255、B:204，透明度：0%、50%、80%），将btbj.png图片作为"标题幻灯片"版式的背景图片，bj.png图片作为"标题和内容"和"空白"版式幻灯片的背景图片。

操作步骤：

（1）单击"视图"选项卡"母版视图"组中的"幻灯片母版"按钮，将操作界面切换到幻灯片母版编辑视图，如图4-1-2所示。

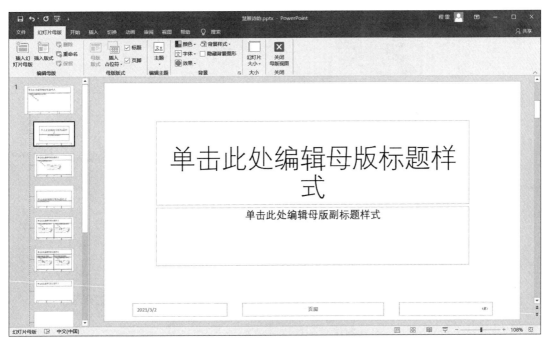

图4-1-2　母版编辑视图

（2）选择左侧版式列表中的第一个版式（Office主题 幻灯片母版，又称全局母版），单击"幻灯片母版"选项卡"背景"组中的"背景样式"按钮，在下拉列表中选择"设置背景格式"命令，在窗口右侧打开"设置背景格式"窗格。

（3）如图4-1-3所示，选中"填充"中的"渐变填充"单选按钮，在"渐变光圈"栏上删除多余的色标，只保留左、中、右三个色标，然后选择最左侧的色标，单击下面的"颜色"按钮，选择"其他颜色"命令，在弹出的"颜色/自定义"对话框中输入RGB三种颜色的数值（255、255、204），单击"确定"按钮返回，然后将透明度设置为0%。

（4）用相同的办法，将中间和右侧色块的颜色均设置为（R:255、G:255、B:204），中间色块的透明度为50%，右侧色块的透明度为80%。单击"关闭"按钮。

（5）选择左侧版式列表中的第二个版式（标题幻灯片 版式），单击"插入"选项卡"图像"组中的"图片"按钮，选择"此设备…"命令，在弹出的对话框中选择素材文件夹中的btbj.png图片；再选择左侧版式列表中的第三个版式（标题和内容 版式），将bj.png图片插入进来作为其背景图片。用相同的办法，将该图片插入到"空白"版式上。

图4-1-3　设置渐变的颜色和透明度

（6）单击"幻灯片母版"选项卡"关闭"组中的"关闭母版视图"按钮，或选择"视图"选项卡"演示文稿视图"组中的"普通"按钮，都可返回演示文稿编辑状态，如图4-1-4所示。

图4-1-4　母版设置后的普通视图

3．在第1张标题幻灯片的标题占位符中输入"慧雅诗韵"，字体格式为华文琥珀、大小为80，艺术字样式为"填充：黑色，文字色1；阴影"，文字颜色为橙色；在副标题占位符中输入"经典古诗词欣赏"，字体格式为微软雅黑、大小为32，颜色为"黑色，文字1，淡色50%"。

操作步骤：

（1）插入点定位在标题占位符中，然后输入"慧雅诗韵"。选中这4个字，在"开始"选项卡"字体"组中设置字体格式（华文琥珀、大小为80），再利用"绘图工具/格式"选项卡"艺术字样式"列表中选择"填充：黑色，文字色1；阴影"（第1行第1列）样式，最后再设置字体颜色为"橙色"。

（2）插入点定位在副标题占位符中，然后输入"经典古诗词欣赏"。选中这7个字，在"开始"选项卡"字体"组中设置字体格式（微软雅黑、大小为32，颜色为"黑色，文字1，淡色50%"）。效果如图4-1-5所示。

图4-1-5　插入标题后的幻灯片

4．新建一张版式为"空白"的幻灯片，在页面左上方插入图片1.png，利用文本框在图片上方添加两个字"目录"，字体格式为微软雅黑、加粗、大小18、白色。

操作步骤：

（1）单击"开始"选项卡"幻灯片"组中的"新建幻灯片"按钮，在列表中选择"空白"版式。

（2）单击"插入"选项卡"图像"组中的"图片"按钮，插入1.png图片，放置在页面左上方。

（3）单击"插入"选项卡"文本"组中的"文本框"按钮，在下拉列表中选择"绘制横排文本框"命令，在指定位置光标定位后输入"目录"，并设置字体格式（微软雅黑、加粗、大小18、白色），如图4-1-6左上方所示。

图4-1-6　插入并设置SmartArt图形的效果

5. 在页面中间插入"垂直图片列表"的SmartArt图形，根据图4-1-6所示的效果，选用2.png图片和输入相关文本（字体格式为微软雅黑，大小20，颜色"黑色，文字1，淡色35%"），将整个SmartArt图形的高度设为7 cm，宽度设为13 cm，将各个框的填充色和轮廓均设置为"无"，插入3.png图片作为文本的下画线。

操作步骤：

（1）单击"插入"选项卡"插图"组中的SmartArt按钮，在下拉列表中选择"垂直图片列表"样式，单击"确定"按钮。

（2）在左侧"在此处键入文字"窗格中，单击图片可选择2.png图片，在文本区输入文字"描写春天景物的诗词"，按【Delete】键删除下面多余的内容。

（3）使用相同的方法设置另外3个图片列表的图片和文本（默认只有3个列表，要添加列表只需在第3个列表文本的末尾按【Enter】键就可以增加一个列表项），效果如图4-1-7所示。

（4）选中整个SmartArt图，利用"开始"选项卡设置字体格式（微软雅黑，大小20，颜色"黑色，文字1，淡色35%"）；在"SmartArt工具/格式"选项卡"大小"组中调整其高度为7 cm，宽度为13 cm；适当调整其在整个页面的位置。

（5）依次选中各个矩形框，利用"SmartArt工具/格式"选项卡"形状样式"组中的"形状填充"和"形状轮廓"按钮，将各个矩形框的填充色和轮廓均设置为"无"。

（6）单击"插入"选项卡"图像"组中的"图片"按钮，插入3.png图片，放置在文本的下方，再复制3个调整位置即可。整体效果如图4-1-6所示。

6. 新建一张版式为"标题和内容"的幻灯片，根据图4-1-8所示的效果，在"标题"占位符中输入文字"描写春天景物的诗词"，字号大小为36，居中；在"内容"占位符中将"古诗词.txt"文档中的"咏柳"诗句复制过来，字号大小为20（作者名大小为14），标题和内容区的文本均采用微软雅黑、颜色均为"黑色，文字1，淡色35%"、居中，内容区的行间距为1.5倍；插入3.png图片作为标题和内容之间的分割线，将其宽度更改为16 cm。

图4-1-7　设置"垂直图片列表"的图片和文本　　　图4-1-8　"标题和内容"幻灯片的设置效果

操作步骤：

（1）单击"开始"选项卡"幻灯片"组中的"新建幻灯片"按钮，在下拉列表中选择"标题和内容"版式，如图4-1-9所示。

（2）在"标题"占位符中输入文字"描写春天景物的诗词"，在"开始"选项卡中设置其字体格式为微软雅黑，大小为36。

（3）打开素材"古诗词.txt"文档，找到"咏柳"诗句，用复制的方法将其粘贴至新建幻灯片的"内容"占位符中，在"开始"选项卡的"字体"组中设置其字体格式（微软雅黑，大小20和14，"黑色，文字1，淡色35%"颜色）；在"段落"组中设置其段落格式（居中、1.5倍行间距）。

（4）单击"插入"选项卡"图像"组中的"图片"按钮，插入3.png图片，放置在标题文本的下方；并单击"图片工具/格式"选项卡"大小"组中的对话框启动器按钮，在打开的对话框中设置其宽度为16 cm，高度不变。

（5）将"内容"占位符适当往下移动一些位置，最终效果如图4-1-8所示。

7. 用上述相同的办法添加后面7张"标题和内容"版式的幻灯片，有关诗句的文本可从"古诗词.txt"文档中复制。

操作步骤：

（1）重复上述方法新建第4～10张幻灯片。或者利用视图左侧"幻灯片窗格"右击第3张幻灯片，在弹出的快捷菜单中选择"复制幻灯片"命令（见图4-1-10），然后更改其中的内容即可，依次新建第5～10张幻灯片。

图4-1-9　新建"标题和内容"版式的幻灯片　　　图4-1-10　复制幻灯片

（2）利用"视图"选项卡切换到"幻灯片浏览"视图，效果如图4-1-11所示。

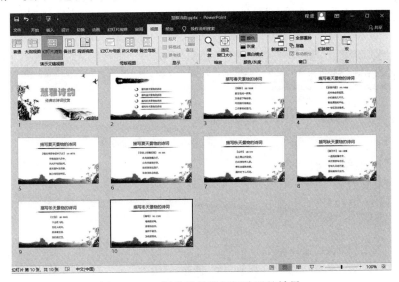

图4-1-11　新建后几张幻灯片后的效果

8. 新建一张版式为"标题"的幻灯片作为结束页，在"主标题"占位符中输入"谢谢欣赏"，设置其艺术字样式为"渐变填充，灰色"，文本效果为"紧密映像，8磅偏移量"，字体为华文琥珀、大小为72，颜色为橙色。

操作步骤：

（1）单击"开始"选项卡"幻灯片"组中的"新建幻灯片"按钮，在下拉列表中选择"标题"版式。

（2）在"标题"占位符中输入文本"谢谢欣赏"，在"绘图工具/格式"选项卡"艺术字样式"列表中选择"渐变填充，灰色"样式；选择"文本效果/映像"列表中的"紧密映像，8 pt偏移量"效果；然后选择字体华文琥珀、大小为72，颜色为"橙色"。效果如图4-1-12所示。

图4-1-12　结束页的效果

9. 在第1张幻灯片中插入音频文件"桃李园序.mp3"，并将该音乐作为幻灯片放映时自动循环播放的背景音乐。

操作步骤：

（1）选中第1张幻灯片，单击"插入"选项卡"媒体"组中的"音频"按钮，选择"PC上的音频"命令，插入实训素材中的音频文件"桃李园序.mp3"。

（2）选中该音频，在"音频工具/播放"选项卡"音频选项"组中进行如图4-1-13所示设置：自动、跨幻灯片播放、循环播放和放映时隐藏。

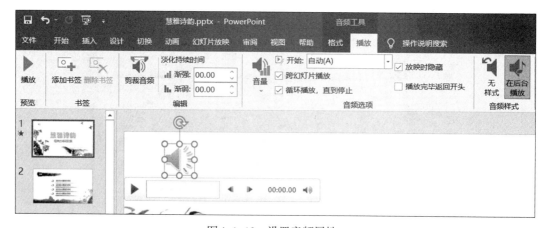

图4-1-13　设置音频属性

10. 给整个演示文稿第 1、3、5、7、9、11 张幻灯片设置 6 个逻辑节，名称分别是"开头""春天""夏天""秋天""冬天""结尾"。

操作步骤：

（1）右击第 1 张幻灯片，在弹出的快捷菜单中选择"新增节"命令，在弹出的"重命名节"对话框中输入节的名称"开头"，即在第 1 张幻灯片前插入了一个节。也可以右击该节，在弹出的快捷菜单中选择"重命名节"命令（见图 4-1-14），输入"开头"即可。

（2）用相同的方法在第 3、5、7、9、11 张幻灯片前设置另 5 个节，节名分别为"春天""夏天""秋天""冬天""结尾"。整体效果如图 4-1-15 所示。

图 4-1-14　重命名节　　　　图 4-1-15　设置节的效果

四、实训拓展

启动 PowerPoint 2016，打开实训素材"项目 4\实训 1\云计算 .pptx"文件，按下列要求操作，将结果以原文件名存入 C:\KS 文件夹。

1. 将幻灯片尺寸改为"宽屏 (16:9)"，将演示文稿的主题更改为"离子"，然后将主题颜色更改为"蓝色"，主题字体更改为"华文中宋"。

2. 将第 1 张幻灯片的标题文字设置为：大小 80、居中，艺术字样式为列表中的第 3 行第 4 列；并插入图片 cloud.png，适当调整大小，放置在标题文字上方。

3. 将第 16 张幻灯片上的图片复制到第 2 张幻灯片，放置在文字下方居中位置，样式设置为"松散透视，白色"效果，并适当调整文本位置。

4. 删除第 3、13 和第 16 张幻灯片（注意删除的正确性，例如可逆序删除），将第 11 张幻灯片移到第 4 张幻灯片前。

5. 第 2 ~ 13 张幻灯片内容区的文字大小均改为 24，行间距为 1.5 倍，适当调整每张幻灯片中的文字位置。

6. 为第 1 张幻灯片添加音频 ns.wma，并设置为幻灯片放映时的背景音乐；将第 5 张幻灯片的 3 个并列项转换为 SmartArt 中的"水平项目符号列表"图形。

7. 在演示文稿最后插入一张版式为"空白"的幻灯片，插入艺术字"谢谢！"，字号大小为 96，颜色为白色，艺术字样式为列表中第 3 行第 4 列的样式。

8. 给整个演示文稿的第 1、2、14 张幻灯片处设置 3 个逻辑节，名称分别是"开头""正文""结尾"。

实训 2 幻灯片的放映效果

一、实训目的与要求

1. 熟练掌握幻灯片切换效果的设置方法。
2. 熟练掌握幻灯片对象动画效果的设置方法。
3. 掌握对象动作和超链接的设置。
4. 掌握幻灯片放映的相关操作。

二、实训内容

1. 设置幻灯片版式的页眉 / 页脚。
2. 幻灯片切换效果的操作。
3. 幻灯片中各种对象的自定义动画的操作。
4. 对象的超链接和动作按钮的设置。
5. 设置幻灯片的自定义放映。

三、实训范例

打开"项目 4\实训 2\慧雅诗韵 .pptx"演示文稿，按下列要求进行操作，最终结果以原文件名保存在 C:\KS 文件夹中。

1. 为所有幻灯片添加幻灯片编号和页脚文字"领略古诗中春夏秋冬"，标题幻灯片中不显示；要求"幻灯片编号"放置在幻灯片底部中间位置，大小为 16，白色，页脚文字放置在幻灯片底部左侧，微软雅黑，大小 16，白色，左对齐。

操作步骤：

（1）单击"插入"选项卡"文本"组中的"页眉和页脚"按钮，弹出图 4-2-1 所示的对话框，在"幻灯片"选项卡中选中"幻灯片编号"和"页脚"复选框，并输入页脚内容"领略古诗中春夏秋冬"，勾选"标题幻灯片中不显示"复选框，单击"全部应用"按钮。

图 4-2-1 "页眉和页脚"对话框

（2）单击"视图"选项卡"母版视图"组中的"幻灯片母版"按钮，切换到"幻灯片母版"视图，在左侧列表中，选中第1张母版（此为全局母版）；在编辑窗口中将三个占位符进行位置的调整；将"编号"占位符移到中间，将"页脚"占位符移到左侧，将"日期"占位符移到右侧，如图4-2-2所示。

视频●┈┈┈┈

幻灯片切换
实例

●┈┈┈┈

图4-2-2　三个占位符位置的调整

（3）选中"幻灯片编号"占位符，在"开始"选项卡中将其字体设置为大小16、白色、居中；再选中"页脚"占位符，在"开始"选项卡中设置其字体为微软雅黑、大小16、白色、左对齐。最后单击"幻灯片母版"选项卡"关闭"组中的"关闭母版视图"按钮返回普通视图。

2. 除了第1和第11张幻灯片采用"擦除"的切换效果外，其余幻灯片均采用"页面卷曲"的切换方式，效果为"双左"，切换的持续时间均为2 s，自动换片时间为8 s。

操作步骤：

（1）选择"切换"选项卡"切换到此幻灯片"组"预设切换效果"列表中的"页面卷曲"选项，在"效果选项"中选择"双左"效果；在"计时"组中设置"持续时间"为"02.00"，设置"设置自动换片时间"为8 s，然后单击"应用到全部"按钮，如图4-2-3所示。

图4-2-3　切换效果的设置

（2）选中第1和第11张幻灯片，选择"切换"选项卡"切换到此幻灯片"组"预设切换效果"列表中的"擦除"选项，将"持续时间"更改为"02.00"。

3. 将第2张幻灯片中的"目录"两字和笔墨图片组合成一个对象，将SmartArt和四条分隔线组合成一个对象，然后为这2个对象设置进入的动画效果，其中标题设置为"与上一个动画同时，自左侧 擦除"的效果；SmartArt对象设置为"上一个动画1 s之后，持续2 s，自顶部擦除"的效果。

操作步骤：

（1）选择第2张幻灯片，选中"笔墨"图片，按住【Shift】键再选中"目录"两个字，选择"图片工具/格式"选项卡"排列"组中"组合"下拉列表中的"组合"命令（见图4-2-4），将两个对象组合成一个对象。同样方法将SmartArt图形和四条分隔线组合成一个对象。

图4-2-4 对象的组合

（2）选中标题组合对象，然后单击"动画"选项卡"动画"组的快翻按钮，在列表"进入"中选择"擦除"，如图4-2-5所示，再在"效果选项"中选择"自左侧"，在"计时"组的"开始"栏中选择"与上一个动画同时"。

图4-2-5 选择动画效果

（3）选中SmartArt组合对象，然后单击"动画"选项卡"动画"组的快翻按钮，在列表"进入"中选择"擦除"，在"效果选项"中选择"自顶部"，再在"计时"组中按图4-2-6所示设置计时效果。

4．设置第3张~10张幻灯片中文本的动画效果为"随机线条"，文本内容采用中速、按词顺序、延迟1s的自动播放效果。

图4-2-6 设置动画计时

操作步骤：

（1）单击第3张幻灯片中的文本占位符，然后选择"动画"选项卡"动画"组中的"随机线条"效果；单击"动画"选项卡"高级动画"组中的"动画窗格"按钮，如图 4-2-7 所示，在窗口右侧显示"动画窗格"。

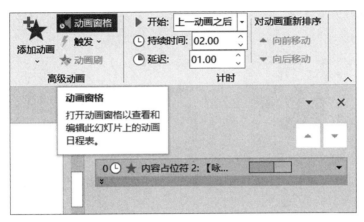

图 4-2-7　显示动画窗格

（2）在"动画窗格"中双击该动画，弹出"随机线条"对话框，在"效果"选项卡中设置"动画文本"为"按词顺序"，在"计时"选项卡中选择"上一动画之后"、延迟 1 s 和中速（2 s）的效果，如图 4-2-8 所示，最后单击"确定"按钮。

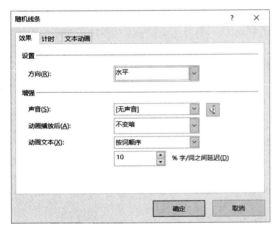
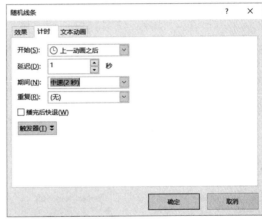

图 4-2-8　"效果选项"对话框

（3）选中该文本对象，双击"高级动画"组中的"动画刷"按钮，依次单击第 4 ~ 10 张幻灯片中的文本对象实现动画效果的复制，最后单击"动画刷"按钮结束动画复制。

5. 在第 1 张幻灯片上插入 4.png 图片，放置在页面左下角外侧，为其设置如图 4-2-9 所示的自定义路径，要求与上一个动画同时，延迟 1 s，持续时间 5 s 的动画效果。

操作步骤：

（1）选择第 1 张幻灯片，单击"插入"选项卡"图像"组中的"图片"按钮，插入 4.png 图片，将其放置在页面左下角外侧。

（2）选中该图片，选择"动画"选项卡"动画"组"动作路径"列表中的"自定义路径"，用鼠标在页面上绘制一个带有弧线的飞行路径至右上角页面外侧，双击结束绘制。

视频

动作按钮

图4-2-9　自定义动画路径

（3）在"动画"选项卡"计时"组中设置：与上一个动画同时，延迟1 s，持续时间5 s的动画效果。

6. 为第2张幻灯片中的4个目录项分别设置超链接，分别链接到第3、5、7、9张幻灯片；在第4、6、8、10张幻灯片的右下角分别添加一个"返回"的动作按钮（形状采用：圆角矩形；样式采用"细微效果－灰色，强调颜色3"，无轮廓；文字采用：微软雅黑、大小14、白色、加粗），单击可以返回到第2张幻灯片。

操作步骤：

（1）选择第2张幻灯片，选中"描写春天景物的诗词"文字，单击"插入"选项卡"链接"组中的"超链接"按钮，弹出"插入超链接"对话框，在"链接到"列表中选择"本文档中的位置"选项，在"请选择文档中的位置"列表中选择第3张幻灯片，如图4-2-10所示，然后单击"确定"按钮。使用相同的方法为另外3个目录项添加相应的超链接。

视频

超链接概念

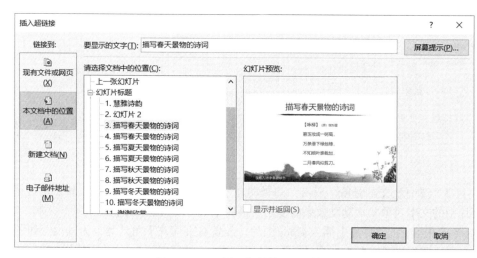

图4-2-10　"插入超链接"对话框

（2）选择第4张幻灯片，单击"插入"选项卡"插图"组中的"形状"按钮，在下拉列表"动作按钮"类中选择"自定义"动作按钮，使用鼠标在幻灯片右下角绘制一个动作按钮，释放鼠标弹出"操作设置"对话框，在"超链接到"列表中选择"幻灯片…"（见图4-2-11），在弹出的列表中选择第2张幻灯片，单击"确定"按钮返回。

视频 ●·······

链接到其他
幻灯片

图4-2-11 "操作设置"对话框

（3）选中该动作按钮，选择"绘图工具/格式"选项卡"插入形状"组"编辑形状/更改形状"列表中的"圆角矩形"（见图4-2-12），在"形状样式"列表中选择"细微效果－灰色，强调颜色3"（第4行第4列），在"形状轮廓"中选择"无轮廓"。

图4-2-12 更改按钮形状

（4）右击该动作按钮，在弹出的快捷菜单中选择"编辑文字"命令，在按钮面板上输入"返回"，并将字体设置为微软雅黑、大小14、白色、加粗。

（5）用上述相同的方法依次在第6、8、10张幻灯片上添加"返回"按钮。更简便的方法是通过复制上述建立的动作按钮到第6、8、10张幻灯片上。

四、实训拓展

启动 PowerPoint，打开实训素材"项目4\实训2\二十大精神宣讲.pptx"文件，按下列要求操作，将结果以原文件名存入 C:\KS 文件夹。

1. 将幻灯片的尺寸改为"宽屏(16:9)"，将第1张幻灯片的版式更改为"标题幻灯片"，将所有幻灯片的主题设置为"平衡"，变体选用默认列表中的第25项。

2. 设置"标题幻灯片"的标题为"学习二十大，争做四有好青年"，字体采用华文隶书、48号；在副标题占位符中输入"景德镇学院 国韵坊"，字体采用宋体、26号。

3. 合理调整第2~9张幻灯片的文字和图片的布局；将第2~9张幻灯片的标题字体均设置为"华文中宋"，正文设置为"微软雅黑、18、1.5倍行距"，图片样式为"映像圆角矩形"。

4. 设置所有幻灯片的切换效果为"切换"，方向"向左"，持续时间2 s，换片时间为8 s。

5. 第2~9张幻灯片的标题均采用"浮入"的动画效果，效果选项为"下浮"，文本均采用自幻灯片中心"缩放"的动画效果，图片均采用2轮辐图案的"轮子"动画。每个动画效果均采用"上一动画之后"。

6. 在最后添加一张版式为"空白"的幻灯片，插入第4行第5列样式的艺术字"再见！"，字号大小为96；并在右下角添加一个动作按钮，按钮文字为"结束"，单击该按钮可以结束放映。

7. 将制作好的文件存放在 C:\KS 文件夹下。

●·····●视频

超链接网址
与邮件地址
●··········●

实践项目 5

网络应用

 实训 1　网络信息的查询

一、实训目的与要求

1. 掌握本机的网络配置信息的查询。
2. 掌握网络连通情况的测试。
3. 掌握本机IP地址的配置。

二、实训内容

1. 查看本机的物理地址、IP地址、子网掩码等网络信息。
2. 测试本机与默认网关的连通情况。
3. 查看本机IP地址的配置情况。

三、实训范例

1. 使用ipconfig命令，查看本机的物理地址、IP地址、子网掩码、默认网关、DNS服务器等完整的网络信息，并将这些信息保存在C:\KS\netinfo.txt中。

操作步骤：

（1）按【Win+R】组合键，打开"运行"对话框，输入"cmd"命令，或者在任务栏的搜索栏中输入"cmd"命令，单击"确定"按钮，都可以打开"命令提示符"窗口，如图5-1-1所示。

图5-1-1　"命令提示符"窗口

（2）在提示符状态下输入：ipconfig/all（参数/all，表示是完整的网络信息），即可得到相关的本机完整的网络信息，如图5-1-2所示。

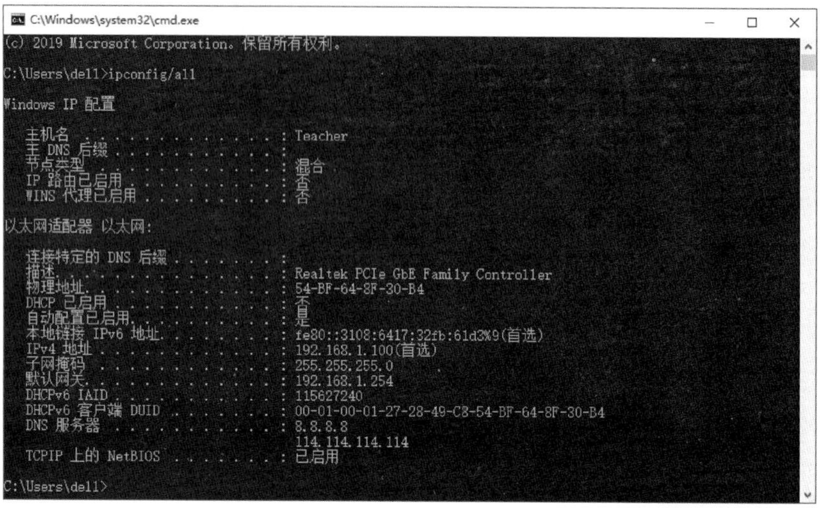

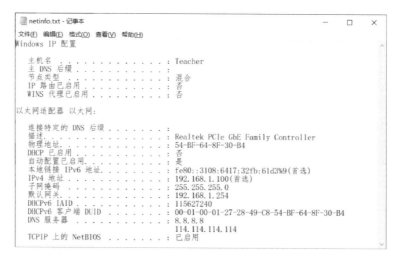

图5-1-2　查询到的网络信息

（3）在提示符窗口选中这些信息，直接右击选择"复制"命令（或按【Ctrl+C】组合键）将信息复制到"剪贴板"上，然后启动"记事本"，将信息粘贴过来，如图5-1-3所示，最后将其以"netinfo.txt"为文件名，保存C:\KS文件夹中。

图5-1-3　"记事本"窗口

2. 使用ping命令，持续测试本机与默认网关的连通情况，直到手动结束为止，并将得到的测试结果窗口截图保存在C:\KS\ping.jpg图像文件中。

操作步骤：

（1）打开"命令提示符"窗口，在提示符状态下输入：ping -t 192.168.1.100（参数"-t"，持续测试），即可持续测试与默认网关地址的连通情况，按【Ctrl+C】组合键可结束测试，如图5-1-4所示。

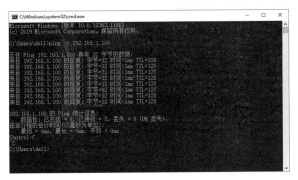

图 5-1-4　连通情况的测试

（2）打开"截图工具"程序，单击"新建"按钮，框选所要截取的区域（见图 5-1-5），单击"保存"按钮，将其以"ping.jpg"为文件名保存在 C:\KS 文件夹中。

图 5-1-5　"截图工具"窗口

3. 查询本机在以太网中 IPv4 地址的配置情况，并将相关的对话框保存在 C:\KS\IP.jpg 图像文件中。

操作步骤：

（1）打开"控制面板"窗口，单击"查看网络状态和任务"超链接，打开图 5-1-6 所示的窗口，单击左侧的"更改适配器设置"超链接，打开"网络连接"窗口（见图 5-1-7）。

图 5-1-6　"网络和共享中心"窗口

图5-1-7　"网络连接"窗口

（2）右击其中的"以太网"图标，在弹出的快捷菜单中选择"属性"命令，即可打开"以太网 属性"对话框（见图5-1-8），选择"此连接使用下列项目"列表框中的"Internet 协议版本 4（TCP/IPv4）"，单击"属性"按钮，即可打开"Internet 协议版本 4（TCP/IPv4）属性"对话框（见图5-1-9），在该对话框中即可了解到本机在以太网中的IP地址的配置情况。

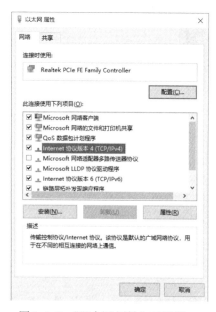

图5-1-8　"以太网 属性"对话框　　　图5-1-9　"Internet 协议版本 4（TCP/IPv4）属性"对话框

（3）按【Alt+PrintScreen】组合键将当前窗口复制到"剪贴板"上，启动"画图"程序，选择"粘贴"命令，然后以IP.jpg为文件名保存在C:\KS文件夹中。

四、实训拓展

1. 使用ipconfig命令，查看本机基本的网络信息，并将这些信息截屏后保存在C:\KS\net.jpg图像文件中。

2. 使用ping命令，测试本机与www.baidu.com的连通情况，并将测试结果信息保存在

C:\KS\baidu.txt 中。

3. 查询本机在以太网中 IPv6 地址的配置情况，并将相关的对话框保存在 C:\KS\IPv6.jpg 图像文件中。

实训 2　因特网的应用

一、实训目的与要求

1. 掌握因特网的访问和信息的查询。
2. 掌握搜索引擎的使用。
3. 掌握电子邮箱的注册和使用。

二、实训内容

1. 访问知网，查询有关的期刊论文。
2. 搜索引擎的使用。
3. 申请注册电子邮箱和邮件的收发。

三、实训范例

1. 访问"中国知网"（https://www.cnki.net/），检索以"课程思政"和"信息技术"为关键词，时间范围为 2020 年 1 月 1 日到 2021 年 7 月 17 日为止发表的论文。在检索结果中找到引用量最高的文章打开，查看该论文的标题、摘要等信息，并把整个页面以"网页，仅 HTML（*.html,*.htm）"为类型，文件名默认，保存在 C:\KS 文件夹中。

操作步骤：

（1）打开浏览器（本例中使用 Windows 10 自带的 Microsoft Edge 浏览器），在地址栏中输入"中国知网"的 URL（https://www.cnki.net/），打开图 5-2-1 所示的"中国知网"的首页。

图 5-2-1　"中国知网"的首页

（2）单击"高级检索"按钮，打开"高级检索"页面，然后在搜索条件中建立图 5-2-2 所示的搜索条件，单击"检索"按钮，即可得到搜索的结果，如图5-2-3所示。

图5-2-2　建立搜索条件

图5-2-3　搜索结果

（3）单击"被引"按钮，即可按照引用量排序，然后单击引用最多，且与关键词有关的文章"'课程思政'视域下高职信息技术课程改革探索"，即可打开该文章的信息页面，可查看到摘要等基本信息（如需查看完整信息，则需要注册后付费下载），如图5-2-4所示。

图5-2-4　文章的基本信息

（4）右击窗口任意位置，在弹出的快捷菜单中选择"另存为"命令，打开"另存为"对话框，在保存类型中选择"网页，仅 HTML（*.html,*.htm）"，文件名默认，将其保存在 C:\KS 文件夹中。

2．访问"百度"（http://www.baidu.com），以"二十四节气""立秋""习俗"为 3 个关键词进行搜索，从搜索结果中找到"百度百科"中的有关链接，单击打开，将文本复制到新建文本文件"立秋习俗.txt"，保存在 C:\KS 文件夹中。

操作步骤：

（1）打开浏览器，在地址栏中输入"百度"的 URL（http://www.baidu.com），打开"百度"首页，然后在搜索栏中输入：二十四节气 立秋 习俗（关键词之间的空格，代表"与"关系），即可显示搜索结果，如图 5-2-5 所示。

图 5-2-5　搜索结果

（2）从搜索结果中找到"百度百科"中的有关链接，单击打开"立秋(二十四节气之一) - 百度百科"，用鼠标选取所有文本，按【Ctrl+C】组合键复制到剪贴板，然后启动记事本，将文本复制到新建的文本文件中，最后以"立秋习俗.txt"为文件名保存在 C:\KS 文件夹中。

3．访问"百度"（http://www.baidu.com），搜索包含"人工智能""行业发展"两个关键词的 pdf 文件，找到"人工智能行业现状与发展趋势报告"文章，单击打开后以 AI.pdf 为文件名保存在 C:\KS 文件夹中。

操作步骤：

（1）利用浏览器打开"百度"首页，然后在搜索栏中输入：人工智能 行业发展 filetype:pdf，即可得到搜索结果，如图 5-2-6 所示。

（2）从搜索结果中找到"人工智能行业现状与发展趋势报告"文章，单击打开后在页面相应位置右击，在弹出的快捷菜单中选择"打印"命令，在弹出的"打印"对话框中，将"打印机"选择为"Microsoft Print to PDF"，如图 5-2-7 所示，单击"打印"按钮，弹出"将打印输出另存为"对话框，选择保存位置 C:\KS 文件夹，输入文件名 AI.pdf，最后单击"保存"按钮。

图 5-2-6　搜索结果

图 5-2-7　"打印"窗口

4. 访问网易邮箱，首先注册一个网易邮箱账号，注册成功后向 jdzxyjsj@126.com 发送一份邮件，主题是"测试"，邮件内容为"网络操作实践测试（×××）"（×××表示学生姓名），并将上一题操作所保存的 AI.pdf 文件作为附件一同发送。

操作步骤：

（1）利用浏览器打开"网易邮箱"首页（https://mail.126.com），如图 5-2-8 所示，单击"注册网易邮箱"超链接，打开"欢迎注册网易邮箱"窗口。输入欲申请的用户名、密码和手机号，通过手机短信验证后即可进入邮箱，如图 5-2-9 所示。

图 5-2-8　"网易邮箱"首页

图 5-2-9　"用户邮箱"窗口

（2）单击左上方的"写信"按钮，打开新邮件窗口，输入收件人邮箱：jdzxyjsj@126.com；主题：测试；邮件内容：网络操作实践测试（×××），单击"添加附件"按钮，插入C:\KS\AI.pdf文件，如图5-2-10所示，最后单击"发送"按钮即可发送。

图 5-2-10　新邮件窗口

四、实训拓展

1. 访问"中国高等教育学生信息网"（https://www.chsi.com.cn/），打开"研招"页面，找到"近五年考研分数线及趋势图（2017—2021）"，单击打开后将该页面以"研招.pdf"为文件名保存在C:\KS文件夹中。

2. 访问"百度"（http://www.baidu.com），搜索包含"专科""信息技术"两个关键词的pdf文件，找到"高等职业教育专科信息技术_课程标准(2021年版)"文章，单击打开后将页面保存在C:\KS文件夹中，类型设置为"网页，全部（*.html,*.htm）"，文件名默认。

3. 登录腾讯邮箱，向jdzxyjsj@126.com发送一份邮件，主题是"课后练习"，内容是学生的学号、姓名、班级，并将上述两道题的操作结果打包压缩（压缩文件名为学生姓名）后作为附件一同发送。

第2篇
应试指导篇

第1部分

基础理论练习

 练习题1 信息技术基础

一、单选题

1. _____可以看作是代替、延伸、扩展人的感官和大脑信息处理功能的技术。

    A. 人工智能   B. 信息技术

    C. 互联网   D. 云计算

2. 信息技术经历了语言的利用、文字的发明、印刷术的发明、_____、电子计算机的诞生5次重大的变革。

    A. 电信革命   B. 炸药的发明

    C. 互联网的发明   D. 移动通信技术

3. 现代信息技术是以_____为基础，以计算机技术、通信技术和控制技术为核心，以信息应用为目标的科学技术群。

    A. 互联网技术   B. 云计算技术

    C. 微电子技术   D. 人工智能技术

4. 现代信息技术包括信息的获取技术、传输技术、处理技术、控制技术、存储技术和_____等。

    A. 整理技术   B. 通信技术

    C. 集成技术   D. 展示技术

5. 目前采用新型器件的新型计算机正在研制之中，如超级计算机、_____、光子计算机、生物计算机、量子计算机等。

    A. 纳米计算机   B. 微米计算机

    C. 粒子计算机   D. 质子计算机

6. 信息技术的发展趋势有3个方面：信息技术向纵深化和融合化发展、信息处理向泛在化和云集化发展、_____。

    A. 信息需求向数据化和综合化发展   B. 信息产业向智能化和整合化发展

    C. 信息服务向个性化和共性化发展   D. 信息应用向平台化和简约化发展

7. 冯•诺依曼在20世纪40年代后期提出了一些基本而又极其重要的计算机设计思想，如二进制、_____、五大组成部分等。

    A. 程序设计和程序存储   B. 程序存储和程序处理

    C. 程序处理和程序控制   D. 程序存储和程序控制

8. 计算机内部采用二进制编码的原因：一是_____，二是人类思维时"是"和"否"的判断最为简单和稳定。

    A. 计算简单，不易出错   B. 与十进制转换比较容易

    C. 二值器件在物理上容易实现   D. 受当时技术的限制

9. 二进制的单位是位（bit），存储容量的基本单位是字节（B,Byte），一个字节由_____位二进制组成。

    A. 1   B. 2   C. 4   D. 8

10. 用作存储器的器件需要满足3个条件：一是能表示两个状态，用来表示数字信息0和1；二是_____；三是能在一定的控制条件下实现状态的转换。

    A. 存取速度快，且有一定的存储容量

    B. 能保持稳定的状态，达到记忆目的

    C. 集成度高、体积小、低功耗、低成本

    D. 有高可靠性、高存储密度，且支持热插拔

11. 现代信息存储技术主要包括直接连接存储技术、_____和网络存储技术。

    A. 间接连接存储技术   B. 半导体闪存技术

    C. 移动存储技术   D. 存储区域网络

12. _____是一种新型接口标准，由于其支持热插拔、传输速率高等特点，已成为目前各种外部设备与计算机相连的主流接口。

    A. ISA和EISA总线   B. PCI总线

    C. PCMCIA总线   D. 通用串行总线

13. 嵌入式系统一般包括_____、外围硬件设备以及特定的应用程序等几个部分，是集软、硬件为一体的可独立工作的器件。

    A. 嵌入式微处理器   B. 控制器

    C. 运算器   D. 存储器

14. 智能手机的硬件层主要由三大部分组成，分别是通信子系统、电源管理子系统和应用子系统，其中_____是核心。

    A. 通信子系统   B. 电源管理子系统

    C. 应用子系统   D. 移动通信网络

15. ASCII编码是计算机用来表示_____的编码。

    A. 西文字符   B. 汉字   C. 图像   D. 声音

16. "中国"两个汉字的区位码分别是3630H、195AH，则它们的GB 2312—1980国标码分别是_____。

    A. 5650H、397AH   B. 5650H、B9FAH

    C. D6D0H、397AH   D. D6D0H、B9FAH

17. "思政"两个汉字采用32×32点阵输出，共需要_____个字节来存储对应的点阵信息。

    A. 4   B. 64   C. 128   D. 256

18. 对于一幅 1 920 × 1 080 像素，24 位真彩色的图像，在没有压缩的情况下，其所占存储空间约为_____。

  A. 49 MB   B. 6 MB   C. 2 MB   D. 1 MB

19. 在空气中传播的声音，经麦克风转换成_____。

  A. 模拟音频信号   B. 数字音频信号

  C. 离散音频信号   D. 合成音频信号

20. 操作系统的基本功能是资源管理和用户界面管理，其中资源管理包括 5 部分：_____、作业管理、存储器管理、设备管理、文件管理。

  A. 运算器管理   B. 控制器管理

  C. 进程与处理机管理   D. 命令和程序接口管理

21. _____的源代码完全向公众开放，有独特的开放许可证制度，赋予公众自由使用、分发、复制、修改软件的权利，通过法律形式保证了软件的自由开放形式。

  A. 非开源软件   B. 开源软件

  C. 免费软件   D. 付费软件

22. _____是开源软件。

  A. Windows   B. Office   C. Linux   D. UNIX

23. _____是相关学者在审视计算机科学所蕴含的思想和方法时被挖掘出来的，使之成为三种科学思维之一。

  A. 理论思维   B. 实验思维

  C. 计算思维   D. 理性思维

24. 计算思维的本质是_____。

  A. 问题求解和系统设计   B. 抽象和自动化

  C. 建立模型和设计算法   D. 理解问题和编程实现

25. 计算思维的本质是抽象和自动化，它反映了计算的根本问题，其中抽象超越物理的时空观，可以完全用_____来表示。

  A. 符号   B. 编码   C. 公式   D. 数据

26. 计算思维是一种解决问题的思维过程,利用计算手段求解问题的过程是_____。

  A. 问题抽象、符号化、设计算法、编程实现

  B. 理解问题、建立模型、存储、编程实现

  C. 问题抽象、模型建立、设计算法、编程实现

  D. 问题抽象、模型建立、编程实现、自动执行

27. 下列_____不属于云计算的服务类型。

  A. 基础设施即服务   B. 平台即服务

  C. 软件即服务   D. 数据即服务

28. 下列_____不属于云计算的主要技术。

  A. 虚拟化技术   B. 搜索技术

  C. 分布式海量数据存储技术   D. 海量数据管理技术

29. 大数据具有以下 4 个特征：数据体量巨大、_____、数据产生和变化速度快、价值密度低而应用价值高。

  A. 数据类型多样   B. 数据结构复杂

  C. 数据模糊和随机   D. 数据采集多样化

30. 数据挖掘的方法有_____、遗传算法、决策树方法、统计分析方法、模糊集方法等。

    A. 批量计算方法   B. 数据抽取方法

    C. 神经网络方法   D. 数据可视化方法

31. 人工智能的技术包括_____、知识图谱、自然语言处理、人机交互、计算机视觉、生物特征识别、人工神经网络、搜索技术等。

    A. 可视化技术   B. 机器学习

    C. 编程模型   D. 嵌入式技术

32. 数字媒体技术一般分为数字媒体的表示技术、_____、创建技术、显示应用技术和管理技术等。

    A. 采集技术   B. 处理技术

    C. 存储技术   D. 合成技术

33. _____是通过计算机技术将虚拟的信息应用到真实世界。

    A. 虚拟现实   B. 增强现实

    C. 混合现实   D. 幻影成像

34. 下列_____不属于物联网的主要技术。

    A. RFID技术   B. 传感技术

    C. 嵌入式技术   D. 虚拟现实技术

35. 物联网的主要特征是：互联网特征、_____、智能化特征。

    A. 云计算特征   B. 识别和通信特征

    C. 区块链特征   D. 嵌入式特征

36. 5G网络是数字蜂窝网络，蜂窝中的所有5G无线设备通过_____与蜂窝中的本地天线阵和低功率自动收发器（发射机和接收机）进行通信。

    A. 光缆   B. 蓝牙   C. 无线电波   D. 卫星

37. 以下_____应用不属于5G的主要应用。

    A. VR全景直播   B. 数字货币

    C. 自动驾驶   D. 智能电网

38. 区块链是指通过去中心化和去信任的方式集体维护一个可靠数据库的技术方案，实现从信息互联网到_____的转变。

    A. 数据互联网   B. 货币互联网

    C. 信用互联网   D. 价值互联网

39. 区块链技术的模型是由自下而上的数据层、网络层、_____、激励层、合约层和应用层组成。

    A. 传输层   B. 表示层   C. 会话层   D. 共识层

40. _____是区块链的核心技术，主要包括：哈希算法、加密算法、数字签名等。

    A. 网络安全技术   B. 密集网络技术

    C. 密码学技术   D. 搜索技术

41. _____是指信息网络的软件、硬件及其系统中的数据受到保护，不因偶然的或者恶意的原因而遭到破坏、更改、泄露，系统能连续、可靠、正常地运行，信息服务不中断。

    A. 信息安全   B. 计算机安全

    C. 网络安全   D. 通信安全

42. 目前常用的新型身份识别技术有指纹识别、虹膜识别、人脸识别、_____等。

    A. 语音识别　　　　　　　　　　　　　B. 动作识别

    C. 笔画识别　　　　　　　　　　　　　D. 区块链

43. _____的作用是在某个内部网络和外部网络之间构建网络通信的监控系统，用于监控所有进、出网络的数据流和来访者，以达到保障网络安全的目的。

    A. 数字签名　　　　　　　　　　　　　B. 防火墙

    C. 身份识别技术　　　　　　　　　　　D. 加密技术

44. 不属于信息社会常见的道德问题有_____。

    A. 道德意识的模糊　　　　　　　　　　B. 道德观念的混乱

    C. 道德评价的缺失　　　　　　　　　　D. 道德行为的失范

45. 为了净化网络空间，规范网络行为，需要从技术监控、法律和道德规范、_____、网络监管等方面入手，构建网络伦理，树立正确的信息价值观。

    A. 社会公民教育　　　　　　　　　　　B. 倡导网络文明

    C. 健全网络惩戒制度　　　　　　　　　D. 伦理教育

46. 信息社会常见的道德问题不包括_____。

    A. 各类网络数据的激增　　　　　　　　B. 发布各种虚假信息

    C. 网络世界与现实世界界限模糊　　　　D. 滥用言论自由

47. 信息素养的构成要素包括_____、信息知识、信息的能力和信息伦理几个方面。

    A，信息意识　　　　　　　　　　　　　B. 身体素质

    C. 信息收集　　　　　　　　　　　　　D. 信息传递

48. 不属于信息素养能力的有_____。

    A. 了解信息技术相关知识的能力

    B. 对信息社会的适应能力

    C. 信息获取、加工处理、传递创造等综合能力

    D. 融合新一代信息技术解决专业领域问题的能力

49. 信息需求是创造性行为产生的必要条件，_____可以激发创新思维，信息技术应用能力为提升创新能力拓展了途径。

    A. 获取信息　　　　　　　　　　　　　B. 信息意识

    C. 终身学习　　　　　　　　　　　　　D. 信息再生

50. 当网络空间与现实空间发生相互作用的时候，衍生的各种道德问题都是与信息的产生、使用、传播、占有权利的行使有关，这些权利被称为_____。

    A. 信息权力　　　　　　　　　　　　　B. 信息关系

    C. 信息义务　　　　　　　　　　　　　D. 信息责任

二、是非题（请正确判断下列题目，正确的请打√，错误的请打 ×）

1. 信息技术的主体技术 3C，指的是通信技术、计算机技术和电子技术。　　（　　　）

2. 把运算器和控制器制作在同一个芯片中，这个芯片称为"中央处理器"。　（　　　）

3. 用来指挥硬件动作的命令称为"指令"，它是由运算符和运算数两部分组成的。（　　　）

4. 计算机在使用内存时总是遇到两个矛盾：一是程序运行和存放信息资料的地方不够，即容量不够大；二是CPU处理指令的速度越来越快，内存存取指令的速度跟不上，即速度不够快。　　　　　　　　　　　　　　　　　　　　　　　　　　　　　　（　　　）

5. 接口是计算机中各个组成部件之间相互交换数据的公共通道，是计算机系统结构的重要组成部分。　　　　　　　　　　　　　　　　　　　　　　　　　　　　　　（　　）

6. 数据库系统是以应用为中心，以计算机技术为基础，软硬件可裁减的专用计算机系统。
　　　　　　　　　　　　　　　　　　　　　　　　　　　　　　　　　　　　（　　）

7. 在计算机中，可以采用一定的编码方法来表示字母和文字形式的数字、符号等。（　　）

8. 应用软件是为了实现对各种资源的管理、基本的人机交互、高级语言的编译或解释以及基本的系统维护调试等工作。　　　　　　　　　　　　　　　　　　　　　　　（　　）

9. 科学思维是运用计算机科学的基础概念进行问题求解、系统设计以及人类行为理解等涵盖计算机科学之广度的一系列思维活动。　　　　　　　　　　　　　　　　　　　（　　）

10. 云计算中的"云"实质上就是一个网络，是一个能够提供有限资源，同时也是与信息技术、软件、互联网相关的一种服务。　　　　　　　　　　　　　　　　　　　　　　（　　）

11. 大数据安全一方面指的是如何保障大数据本身的安全，另一方面指的是如何利用大数据技术来提升安全。　　　　　　　　　　　　　　　　　　　　　　　　　　　　　（　　）

12. 人工智能的发展历程经历了孕育期、形成期、低谷期、知识应用期、集成发展期。
　　　　　　　　　　　　　　　　　　　　　　　　　　　　　　　　　　　　（　　）

13. 机器系统是一个具有大量专门知识与经验的智能计算机程序系统。　　　　　（　　）

14. 目前掀起的人工智能热潮主要是因为数据分析技术取得了突破性的进展。　（　　）

15. 合成媒体是指以计算机为工具，采用特定符号、语言或算法表示，由计算机生成（合成）的文本、音乐、语音、图像和动画等。　　　　　　　　　　　　　　　　　　　（　　）

16. 流媒体技术发展的基础在于数据压缩技术和网络传输技术。　　　　　　　（　　）

17. 物联网通过将射频识别（RFID）芯片、传感器、嵌入式系统、全球定位系统（GPS）等信息识别、跟踪、传感设备装备到各种物体上，实现对物品和过程的智能化感知、识别、定位、跟踪、监控和管理。　　　　　　　　　　　　　　　　　　　　　　　　　　　（　　）

18. 访问控制技术是通过用户登录和对用户授权的方式实现的。　　　　　　　（　　）

19. 信息道德教育是指通过全社会所遵循的价值取向和道德规范，有组织、有计划地对人的人格和道德形成产生影响的活动。　　　　　　　　　　　　　　　　　　　　　（　　）

20. 信息时代的大学生只需要遵守现实社会的秩序。　　　　　　　　　　　　（　　）

练习题 2　文件资料管理

一、单选题

1. ＿＿＿＿＿＿负责为用户建立文件，存入、读出、修改、转储文件，控制文件的存取等。
　　A. 资源管理器　　　　　　　　　　　　　B. 文件管理器
　　C. 资源系统　　　　　　　　　　　　　　D. 文件系统

2. Windows 系统中常用的文件系统有 FAT 和＿＿＿＿＿＿。
　　A. FAT12　　　　　B. FAT16　　　　　C. FAT32　　　　　D. NTFS

3. 文件在磁盘上存放以＿＿＿＿＿＿为基本单位。
　　A. 扇区　　　　　　B. 簇　　　　　　　C. 位　　　　　　　D. 字节

4. Linux 最常用的文件系统是＿＿＿＿＿＿。
　　A. FAT　　　　　　B. NTFS　　　　　C. EXT　　　　　　D. APFS

5. 在 Windows 10 中,文件的管理是通过_____来进行的,其作用是管理计算机软、硬件资源,把软件和硬件统一用文件和文件夹的图标表示,对计算机上所有的文件和文件夹进行管理和操作。

    A. 资源管理器   B. 文件资源管理器

    C. 文件管理器   D. 控制面板

6. 在 Windows 10 的"文件资源管理器"中,它将计算机资源分为_____。

    A. 视频、图片、文档、音乐

    B. 快速访问、OneDrive、此电脑、网络

    C. 收藏夹、库、计算机、网络

    D. 快速访问、库、此电脑、网络

7. 以下_____是文件的绝对路径。

    A. jsj.txt   B. ..\jsj.txt

    C. \ks\jsj.txt   D. E:\ks\jsj.txt

8. 关于已知文件类型的说法中,正确的是_____。

    A. 用户能够直接判断其类型的文件

    B. 系统能够直接判断其类型的文件

    C. 该类文件已与某个应用程序建立了某操作的关联,双击该文件能启动关联应用程序

    D. 默认情况下,此类文件的扩展名不会自动隐藏

9. Windows 中的回收站,往往是用来保护_____中被删除的文件或文件夹。

    A. 内存   B. 硬盘   C. U 盘   D. 光盘

10. 快捷方式是 Windows 提供的一种能快速启动程序、打开文件或文件夹所代表的项目的快速链接,其扩展名一般为_____。

    A. .lnk   B. .txt   C. .log   D. .ini

11. 下列_____不能实现在 Windows 环境下的截图。

    A. 【Alt+Print Screen】组合键   B. 附件组中的截图工具

    C. QQ 中的截图工具   D. Photoshop

12. 利用 Windows 10 系统"控制面板"中的"程序"可以对应用程序进行_____。

    A. 安装、查看、更新、修复   B. 更新、修复、卸载

    C. 安装、查看、修复、卸载   D. 查看、更新、修复、卸载

13. 在 Windows 10 中,使用_____功能可以建立多个桌面,让用户高效利用屏幕,极大地提高工作效率。

    A. 多桌面   B. 虚拟桌面

    C. 自定义桌面   D. 个性化桌面

14. Windows 10 系统中的备份,除了能够备份文件和文件夹外,还能备份_____。

    A. 硬件设备   B. 桌面系统

    C. 整个操作系统   D. 某个应用软件

15. 要打印一份文稿,却没有打印机,拿到另一台机器上去打印,但那台机器没有安装相应软件,下列_____是解决方法中的步骤。

    A. 在本地机上安装另一台机器上的打印机驱动程序

    B. 设置打印机端口为"打印到文件"

    C. 设置打印机首选项

    D. 打印测试页

16. 当在Windows操作系统中安装应用程序时，可通过"_____"来提高管理权限。
    A. 增加内存　　　　　　　　　　　　　　B. 提升操作系统版本
    C. 以管理员身份运行　　　　　　　　　　D. 安装在根目录

17. 关于安装应用程序，描述错误的是_____。
    A. 运行安装文件，启动安装向导　　　　　B. 输入序列号（产品密钥）
    C. 程序安装完成后务必重启计算机　　　　D. 接受软件许可证协议条款

18. 投影时，通过_____线连接，既可以传递图像，也可以传递声音。
    A. HDMI　　　　　　B. 网线　　　　　　C. 电线　　　　　　D. 数据线

19. 在Windows 10的默认设置下，用户按_____组合键进行全角和半角的切换。
    A.【Alt+Tab】　　　　　　　　　　　　B.【Shift+Space】
    C.【Alt+F4】　　　　　　　　　　　　 D.【Ctrl+Space】

20. 在Windows中，常见的文件通配符有"*"和_____。
    A. %　　　　　　　　B. #　　　　　　　C. !　　　　　　　D. ?

二、是非题（请正确判断下列题目，正确的请打√，错误的请打×）

1. iOS系统是一个基于Linux 2.6内核的自由及开放源代码的操作系统。　　　　（　　）

2. Windows 10中的资源管理器可以收集存储在多个不同位置的文件夹和文件，将它们都汇聚在一起。　　　　　　　　　　　　　　　　　　　　　　　　　　　　　　（　　）

3. 文件名称是由文件名和扩展名组成的，文件名是标识文件类型的重要方式。　（　　）

4. 剪贴板是Windows系统在内存区开辟的永久数据存储区。　　　　　　　　（　　）

5. 在安装软件时，需要了解应用软件的运行环境和硬件需求。　　　　　　　（　　）

6. 激光打印机的传输线要和主机相连，目前最常用的端口是LPT。　　　　　（　　）

7. 目前，很多应用程序为了保护自己的软件版权，通过注册机来鉴别用户合法性。
　　　　　　　　　　　　　　　　　　　　　　　　　　　　　　　　　　（　　）

8. 桌面图标实质上是指向应用程序、文件或文件夹的快捷方式，按类型大致可分为Windows桌面通用图标和快捷方式图标。　　　　　　　　　　　　　　　　　　（　　）

9. 操作系统具有处理机管理、文件管理、存储器管理、设备管理和作业管理五大功能。
　　　　　　　　　　　　　　　　　　　　　　　　　　　　　　　　　　（　　）

10. Windows是一个免费的操作系统，用户可以免费获得其源代码，并能够随意修改。
　　　　　　　　　　　　　　　　　　　　　　　　　　　　　　　　　　（　　）

练习题3　办公数据处理

一、单选题

1. 关于WPS Office 2019，以下说法_____是不正确的。
    A. 是金山公司自主开发的针对文字处理的软件。
    B. 支持Windows、Mac、Linux以及iOS和Android等系统
    C. 速度快、内存占用少、跨平台和高兼容性
    D. 体积小，且永久免费

2．目前主流文字处理软件，除了 Microsoft Office 中的 Word 外，还有_____。

　　A．Lotus 1-2-3　　　　B．FineReport　　　　C．WPS　　　　D．Prezi

3．在 Word 中，_____是指已经命名的字符和段落格式，直接套用可以减少重复操作，提高文档格式编排的一致性。

　　A．格式　　　　　　　B．样式　　　　　　　C．模板　　　　D．主题

4．下列_____属于 Word 中的页面布局。

　　A．首字下沉　　　　　B．目录　　　　　　　C．脚注/尾注　　　　D．分栏

5．在 Word 2016 中，制表位是一种类似表格的限制文本格式的工具，可通过_____键来插入制表位。

　　A．【Esc】　　　　　B．【Tab】　　　　　C．【Caps Lock】　　　　D．【Enter】

6．_____是一种将文字和图片以某种逻辑关系组合在一起的文档对象。

　　A．SmartArt　　　　　B．剪贴画　　　　　C．图表　　　　D．形状

7．Word 2016 中提供了_____，支持手写公式的图像识别。

　　A．手绘公式　　　　　　　　　　　　　B．鼠标公式

　　C．墨迹公式　　　　　　　　　　　　　D．形状公式

8．使用_____可以很方便地完成长文档中快速定位、重排结构、切换标题等操作。

　　A．目录　　　　　　　　　　　　　　　B．文档导航

　　C．样式　　　　　　　　　　　　　　　D．标签

9．在长文档编辑中，经常需要在某个地方引用文档其他位置的内容，这种引用称为_____。

　　A．相对引用　　　　　　　　　　　　　B．绝对引用

　　C．混合引用　　　　　　　　　　　　　D．交叉引用

10．在 Word 或 WPS 中进行邮件合并，可以先准备好主文档和数据源文件，其中数据源文件可以是_____。

　　A．Word 文档、Excel 表格和 Access 数据库

　　B．Word 文档、Excel 表格和 PPT 演示文稿

　　C．Excel 表格、PPT 演示文稿和 Access 数据库

　　D．Word 文档、PPT 演示文稿和 Access 数据库

11．以下_____不是常用的电子表格软件。

　　A．WPS 表格　　　　　　　　　　　　B．Lotus 1-2-3

　　C．Microsoft Excel　　　　　　　　　　D．Access

12．建立电子表格的主要目的，不是简单地建一个表格，而是_____。

　　A．为了整齐、美观，便于查阅　　　　B．便于数据档案管理

　　C．为了实现数据分析等比较复杂的运算　　D．为了实现办公电子化

13．在 Excel 中，_____函数可以返回一个数字在一组数据中的位次。

　　A．MEDIAN　　　　　B．RANK　　　　　C．RATE　　　　D．RAND

14．在 Excel 中，假如 B3 单元格的值为"6"，在 E3 单元格中有如下函数：=IF(B3>=35,"高温，注意防暑",IF(B3>=20,"温度适宜",IF(B3>=5,"温度偏低","低温，注意保暖")))，则 E3 单元格的返回值是_____。

　　A．高温，注意防暑　　　　　　　　　　B．温度适宜

　　C．温度偏低　　　　　　　　　　　　　D．低温，注意保暖

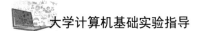

15. 常用的数据分析与处理方法包括对数据管理与数据挖掘的分析，其中数据管理包括_____。

    A. 数据的排序、筛选、汇总和透视   B. 数据的可视化

    C. 数据的计算   D. 数据的格式化

16. Excel中的排序方式有：_____。

    A. 简单排序、复合排序、自定义排序

    B. 简单排序、复杂排序、自定义排序

    C. 简单排序、复杂排序、混合排序

    D. 直接排序、复杂排序、自定义排序

17. Excel中的_____就是从数据表中显示符合条件的数据，隐藏不符合条件的数据。

    A. 排序   B. 筛选

    C. 分类汇总   D. 数据透视表

18. 关于数据透视表，以下说法错误的是_____。

    A. 数据透视表是一种交互式的表

    B. 可以动态地改变它们的版面布置，以便按照不同方式分析数据

    C. 可以重新安排行号、列标和页字段

    D. 如果原始数据发生更改，不会自动更新数据透视表

19. 数据透视图是针对_____显示的汇总数据而实行的一种图解表示方法。

    A. 数据表   B. 工作表

    C. 数据透视表   D. 分类汇总表

20. _____是指将表格中的数据以图形的形式表示出来，能使数据表现更加形象和可视化，方便用户了解数据的内容、走势和规律。

    A. 剪贴画   B. 图示   C. 图表   D. 趋势图

21. 演示文稿的设计与制作要进行以下_____方面的工作。

    A. 文稿结构设计、素材收集整理、内容编排美化

    B. 目标群体分析、文稿结构设计、素材美化

    C. 目标群体分析、文稿结构设计、素材收集整理

    D. 目标群体分析、素材收集整理、内容编排美化

22. 在PowerPoint中有关动画效果的设置，说法错误的是_____。

    A. 动画效果类型有：进入、退出、强调和自定义

    B. 同一个对象可同时设置多个动画效果

    C. 可设置各个动画效果的时间、顺序和播放控制

    D. 通过设置触发器来实现人机交互

23. 关于PowerPoint中的主题样式，下列说法中错误的是_____。

    A. 主题样式能够使演示文稿的整体效果更加美观

    B. 用户一旦选择了主题样式，就不能自定义对象的颜色、字体等效果

    C. 主题样式包括预设颜色、字体、背景、效果样式等

    D. 主题样式是针对整个演示文稿，而不是某张幻灯片

24. PowerPoint有3种母版类型，分别是_____。

    A. 主题母版、幻灯片母版、备注母版

    B. 主题母版、版式母版、幻灯片母版

C. 版式母版、幻灯片母版、讲义母版

D. 幻灯片母版、讲义母版、备注母版

25. 在 PowerPoint 中，可以使用多个_____来组织大型幻灯片的版面，方便导航，简化管理。

A. 母版　　　　　　　B. 版式　　　　　　　C. 节　　　　　　　D. 定位

26. 在 PowerPoint 中，为了能预先统计出放映整个演示文稿和每张幻灯片所需的大致时间，我们可以采用设置_____。

A. 排练计时　　　　　　　　　　　　B. 自定义放映

C. 换片方式　　　　　　　　　　　　D. 放映类型

27. PowerPoint 可导出的其他类型的文件有_____。

A. PDF、MP3、GIF、Word 文档等　　B. PDF、GIF、JPG、Excel 等

C. PDF、GIF、MP4、GIF 等　　　　　D. PDF、MP4、JPG、BMP 等

二、是非题（请正确判断下列题目，正确的请打√，错误的请打 ×）

1. PSD 是由 Adobe 公司开发的跨平台文档格式，又称为"可移植文档格式"。　（　　）

2. 利用格式刷可以将选定文本的格式复制给其他文本，从而提高编辑格式的效率。

（　　）

3. 在 Excel 中，单元格地址的引用，就是标识工作表上单元格或单元格区域，并指明公式中所使用数据的位置。　（　　）

4. Authorware 是一款最常用的演示文稿制作软件，也是一款多媒体集成工具。　（　　）

5. 在 PowerPoint 中，设计是构成母版的元素，是预先设定好的幻灯片的版面格式。（　　）

练习题 4　网络与通信技术

一、单选题

1. _____是一种通过公共交换机转接，为大量用户提供服务的信道。

A. 物理信道　　　　　　　　　　　　B. 逻辑信道

C. 专用信道　　　　　　　　　　　　D. 公共信道

2. 在数据通信系统模型中，下列_____不是构成数据通信网的要素。

A. 传输信道　　　　　　　　　　　　B. 干扰源

C. 计算机　　　　　　　　　　　　　D. 发送/接收设备

3. 下列_____不是数据通信的主要技术指标。

A. 完整率　　　　　B. 传输速率　　　　　C. 差错率　　　　　D. 带宽

4. 卫星通信系统由卫星和地球站两部分组成，其中卫星在空中起_____作用。

A. 信号转换　　　　　　　　　　　　B. 中继站

C. 信号发生器　　　　　　　　　　　D. 信号存储站

5. 计算机网络从功能结构上可分为资源子网和通信子网，其中通信子网主要提供_____。

A. 共享资源　　　　　　　　　　　　B. 共享服务

C. 数据传输和交换　　　　　　　　　D. 共享线路

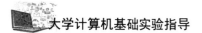

6. 在按网络的交换功能分类中，_____既具有实时效应，又融合了存储转发机制。

    A. 电路交换网   B. 报文交换网

    C. 报文分组交换网   D. 混合交换网

7. 网络协议是网络通信的规则和约定，它有语义、语法和时序3个要素。其中语法_____。

    A. 规定通信双方准备讲"什么"   B. 规定通信双方"如何讲"

    C. 规定事件出现和执行的先后顺序   D. 规定协议元素的种类

8. 所有连接到互联网上的计算机都依据共同遵守的通信协议传递信息，称为_____协议。

    A. TCP/IP   B. OSI/RM   C. HTTP   D. Ethernet

9. _____负责在节点之间建立逻辑连接，一方面将信息进行存储转发，另一方面为连续传输大量数据提供有效的速度保证。

    A. 集线器   B. 网桥   C. 交换机   D. 路由器

10. 路由器是网络互联的核心设备，其工作在_____，一方面连通不同的网络，另一方面选择信息传送的线路。

    A. 物理层   B. 数据链路层   C. 网络层   D. 传输层

11. 以下_____不属于移动网络的主要技术。

    A. 蜂窝式数字分组数据通信平台   B. 无线局域网

    C. 无线应用协议   D. 压缩技术

12. 全光网络用光纤将光节点互联成网，采用_____完成信号的传输、交换功能。

    A. 电波   B. 电磁波   C. 磁力波   D. 光波

13. 以下_____不属于互联网的内涵。

    A. 网络互联的主要功能和目的是资源共享和数据通信

    B. 必须依据OSI/RM参考模型来实现互联

    C. 有一定的通信设备和连接媒体，且遵循相同的通信规则

    D. 互联系统是一个完整、独立的计算机系统

14. _____的设计思想成功地造就了目前的国际互联网。

    A. TCP   B. IP   C. IPv4   D. IPv6

15. 某主机的IP地址为92.102.6.206，说明该主机所在的网络属于_____。

    A. 超大型网络   B. 大型网络

    C. 中型网络   D. 小型网络

16. 在配置IP地址时，下列_____不是必须遵守的规则。

    A. 网络号和主机号在互联网范围内统一分配

    B. 主机号和网络号不能全为0或255

    C. 网络号不能为127

    D. 一个网络中的主机的IP地址是唯一的

17. 要访问一台互联网上的服务器，必须要通过_____来实现。

    A. 网络地址   B. DNS地址   C. IP地址   D. 域名

18. _____是无线局域网的接入点。

    A. 无线网卡   B. 无线访问点

    C. 无线路由器   D. 无线天线

19. _____命令可用于查看本机的网络配置信息。

  A. ipconfig   B. ping   C. arp   D. netstat

20. _____命令可用来检查网络是否连通，分析和判定网络故障。

  A. ipconfig   B. ping   C. arp   D. netstat

21. _____是对可以从Internet上得到的资源位置和访问方法的一种简洁表示。

  A. TCL   B. IP   C. URL   D. DNS

22. 下列_____不属于World Wide Web的核心部分的3个标准。

  A. 统一资源标识符（URL）   B. 超文本传输协议（HTTP）

  C. 超文本标记语言（HTML）   D. 脚本语言（JavaScript）

23. 在搜索引擎中默认的逻辑关系是_____，即用空格隔开多个关键词。

  A. AND（与）   B. OR（或）

  C. 包含（+）   D. 不包含（-）

24. 在搜索引擎中，如要搜索指定的文件类型，可使用的搜索语法是_____。

  A. inurl   B. intitle   C. filetype   D. site

25. 下列_____不是常见的电子邮件协议。

  A. SMTP   B. POP3   C. IMAP   D. Telnet

26. 在物联网的体系框架中，_____主要用于获取外部数据信息。

  A. 感知层   B. 网络层   C. 传输层   D. 应用层

27. 随着物联网的发展，传感器也越来越智能化，不仅可以采集外部信息，还能利用嵌入的_____进行信息处理。

  A. 运算器   B. 感应器   C. 微处理机   D. 存储器

28. 射频识别系统（RFID）的组成中，_____中保存着一个物体的属性、状态、编号等信息。

  A. RFID标签   B. RFID阅读器

  C. 天线   D. 蓝牙

29. _____是近距离无线通信技术，主要应用于手机支付、门禁卡、交通卡、信用卡等。

  A. RFID   B. NFC   C. Bluetooth   D. GSM

30. 以下_____不是防火墙的主要功能。

  A. 是安全策略的检查站，是网络安全的屏障

  B. 能有效防止内部网络相互影响

  C. 可以对网络存取和访问进行监控审计

  D. 可以限制内部网络之间信息存取和传递

31. 计算机病毒是编制或者在计算机程序中插入的破坏计算机功能或者毁坏数据，影响计算机使用，并能自我复制的_____。

  A. 一组计算机指令或者程序代码   B. 一个完整病毒软件

  C. 有生物特征的病毒   D. 文本文档

32. 计算机病毒产生的原因主要有：恶作剧型、报复心理型、_____、特殊目的型。

  A. 自娱自乐型   B. 自我成就型

  C. 版权保护型   D. 盗窃型

33. 下列_____不是计算机病毒的预防措施。

　　A. 安装防病毒软件，并及时更新操作系统、病毒库等

　　B. 留意机器异常情况，安装病毒监控软件

　　C. 建立网络安全管理制度，养成定期备份习惯

　　D. 对于外来文件可直接打开使用

34. 备份对象主要是系统备份和数据备份，其中数据备份包括对用户的数据文件、应用软件和_____进行备份。

　　A. 操作系统　　　　　　　　　　B. 数据库

　　C. 存放数据的设备　　　　　　　D. 技术文档资料

二、是非题（请正确判断下列题目，正确的请打√，错误的请打×）

1. 普通电话线上传输的是模拟信号，而局域网的传输线上传输的是数字信号。（　　）

2. 在移动电话通信系统中，把通信覆盖的地理区域划分为多个单元，每个单元设置一个传送站，也称为基站。（　　）

3. 光纤通信已成为全球信息高速公路的重要组成部分。（　　）

4. 无线路由器是用于用户上网、带有无线覆盖功能的路由器。（　　）

5. IPv6中规定了IP地址长度最多可达64位。（　　）

6. 网站是指根据一定的策略，运用特定的计算机程序搜索互联网上的信息。（　　）

7. 电子邮件采用存储转发机制。（　　）

8. 移动支付将终端设备、互联网、应用提供商以及金融机构相融合，为用户提供货币支付等金融业务。（　　）

9. 利用Windows 10系统中的Windows Defender防火墙来启用防火墙。（　　）

10. 数据恢复技术是指为防止计算机系统出现故障或者人为操作失误导致数据丢失，而将数据从主机硬盘复制到其他存储介质的过程。（　　）

练习题 5　信息安全技术

一、单选题

1. 计算机病毒是（　　）。

　　A. 生物病毒　　　　　　　　　　B. 计算机自动生成的程序

　　C. 特制的具有破坏性的程序　　　D. 被用户破坏的程序

2.（　　）恶意代码通过召集互联网上的服务器来通过发送大量的业务量攻击目标服务器。

　　A. 蠕虫　　　B. 特洛伊木马　　　C. DOS攻击　　　D. DDOS攻击

3. 按病毒的传染途径分类，感染扩展名为".com"".exe"等可执行文件的计算机病毒属（　　）。

　　A. 引导区型病毒　　　　　　　　B. 文件型病毒

　　C. 宏病毒　　　　　　　　　　　D. 网络病毒

4. 在磁盘上发现计算机病毒后，最彻底的清除方法是（　　）。

　　A. 删除已感染的磁盘文件　　　　B. 用杀毒软件处理

　　C. 完全格式化磁盘　　　　　　　D. 用MS-DOS命令删除磁盘上所有的文件

5. 只感染 Microsoft Word 文档（．doc）和模板文件（．dotx）的病毒属于（　　　）。

　　A. 引导区型病毒　　　　　　　　　　B. 文件型病毒

　　C. 宏病毒　　　　　　　　　　　　　D. 网络病毒

6. 哪一项不是特洛伊木马所窃取的信息？（　　　）

　　A. 计算机名字　　　　　　　　　　　B. 硬件信息

　　C. QQ 用户密码　　　　　　　　　　 D. 系统文件

7. 以下叙述正确的是（　　　）。

　　A. 杀毒软件能杀除所有计算机病毒

　　B. 杀毒软件能杜绝计算机病毒对计算机硬件和软件的破坏

　　C. 杀毒软件能发现并防止所有计算机病毒的入侵

　　D. 杀毒软件能发现已知病毒，并杀除

8. 哪一项不是蠕虫病毒的传播方式及特性？（　　　）

　　A. 通过电子邮件进行传播　　　　　　B. 通过光盘、软盘等介质进行传播

　　C. 通过共享文件进行传播　　　　　　D. 不需要在用户的参与下进行传播

9. 新世纪病毒属于（　　　）。

　　A. 引导区型病毒　　　　　　　　　　B. 文件型病毒

　　C. 宏病毒　　　　　　　　　　　　　D. 混合型病毒

10. 哪一项不是蠕虫病毒的常用命名规则？（　　　）

　　A. W32/KLEZ-G　　　　　　　　　　B. I-WORM. KLEZ. H

　　C. W32. KLEZ. H　　　　　　　　　　D. TROJ_DKIY. KI. 58

11. 下面对后门特征和行为的描述正确的是？（　　　）

　　A. 为计算机系统秘密开启访问入口的程序

　　B. 大量占用计算机的系统资源，造成计算机瘫痪

　　C. 对互联网的目标主机进行攻击

　　D. 寻找电子邮件的地址进而发送垃圾邮件

12. 著名的美丽莎（Macro. Melissa）属于（　　　）。

　　A. 引导区型病毒　　　　　　　　　　B. 文件型病毒

　　C. 宏病毒　　　　　　　　　　　　　D. 混合型病毒

13. 哪一项不是后门的传播方式？（　　　）

　　A. 电子邮件　　　　　　　　　　　　B. 光盘、软盘等介质

　　C. Web 下载　　　　　　　　　　　　D. IRC

14. 计算机病毒产生的原因是（　　　）。

　　A. 用户程序有错误　　　　　　　　　B. 计算机硬件故障

　　C. 计算机系统软件有错误　　　　　　D. 人为制造

15. 文件感染病毒的常见症状有哪一项不是？（　　　）

　　A. 文件大小增加　　　　　　　　　　B. 文件大小减少

　　C. 减缓处理速度　　　　　　　　　　D. 内存降低

16. 下列叙述正确的是（　　　）。

　　A. 计算机病毒只能传染给可执行文件

　　B. 硬盘虽然安装在主机箱内，但它属于外存

　　C. 关闭计算机的电源后，不会影响 RAM 中的信息

D. 计算机软件是指存储在软盘中的程序

17. （　　　）能够占据内存，进而感染引导扇区和系统中的所有可执行文件。

  A. 引导扇区病毒   B. 宏病毒

  C. Windows病毒   D. 复合型病毒

18. 计算机病毒是可以造成机器故障的一种（　　　）。

  A. 计算机设备   B. 计算机芯片

  C. 计算机部件   D. 计算机程序

19. 使用互联网下载进行传播的病毒是（　　　）。

  A. Java病毒   B. DOS病毒

  C. Windows病毒   D. 宏病毒

20. 下列关于复合型病毒描述错误的是（　　　）。

  A. 采用多种技术来感染一个系统

  B. 会对互联网上的主机发起DOS攻击

  C. 复合型病毒会占据内存，进而感染引导扇区和所有可执行的文件

  D. 通过多种途径来传播

21. 既可以传染磁盘的引导区，也可以传染可执行文件的病毒是（　　　）。

  A. 引导区型病毒   B. 文件型病毒

  C. 宏病毒   D. 混合型病毒

22. 计算机病毒具有（　　　）。

  A. 传染性、隐蔽性、破坏性   B. 传染性、破坏性、易读性

  C. 潜伏性、破坏性、易读性   D. 传染性、潜伏性、安全性

23. 文件型病毒传染的对象主要是扩展名为（　　　）的文件。

  A. ".dbf"   B. ".nps"

  C. ".com"和".exe"   D. ".exe"和".wps"

24. 下列关于计算机病毒的叙述正确的是（　　　）。

  A. 被病毒感染的文件长度肯定变大

  B. 存在CD-ROM中的可执行文件在使用后也可能感染上病毒

  C. 计算机病毒进行破坏活动需要满足一定的条件

  D. 所有病毒在表现之前，用户不使用专用防护软件就无法发现

25. 下列哪一项不是我们常见的网络病毒？（　　　）

  A. DOS病毒   B. 蠕虫病毒

  C. 多态病毒   D. 伙伴病毒

26. 蠕虫病毒属于（　　　）。

  A. 宏病毒   B. 混合型病毒

  C. 文件型病毒   D. 网络病毒

27. 下列哪一项不足够说明病毒是网络攻击的有效载体？（　　　）

  A. 网络攻击程序可以通过病毒经由多种渠道传播

  B. 攻击程序可以利用病毒的隐蔽性来逃兵检测程序

  C. 病毒的潜伏性和可触发性使网络攻击防不胜防

  D. 黑客直接通过病毒对目标主机发起攻击

28. 以下对恶意软件特征描述不正确的是（　　　）。

A. 弹出广告　　　　　　　　　　B. 询问用户是否进行安装

C. 难以卸载　　　　　　　　　　D. 恶意捆绑

29. 下面哪一种陈述最好的解释了引导扇区病毒不再是非常普遍的病毒了？（　　　）

A. 计算机不再从软盘中引导

B. 对此类型病毒采取了足够的防范

C. 软盘不再是共享信息的主要途径

D. 程序的编写者不再编写引导扇区病毒

30. 预防计算机病毒的不正确方法是（　　　）。

A. 慎用外来移动存储设备，使用前先查毒

B. 经常对计算机中的数据进行备份

C. 安装防病毒软件，定期查毒、杀毒

D. 安装多种反病毒软件，会取得更好的防毒效果

二、是非题

1. 计算机病毒是随着计算机使用时间的变长，在计算机内部自然产生的病变。

（　　　）

2. 发现计算机病毒后，清除的方法是重新启动计算机。　　　　　　　（　　　）

3. 病毒防护软件可以查杀所有计算机病毒。　　　　　　　　　　　（　　　）

4. 在与因特网连接的计算机中，病毒防护软件可以自动更新病毒库。　（　　　）

5. 文档文件是不会感染病毒的。　　　　　　　　　　　　　　　　（　　　）

6. 文件长度突然增加，有可能是计算机病毒引起的。　　　　　　　（　　　）

7. 使用网络的过程中，用户感觉上网速度越来越慢，或无法联网，有可能是感染了计算机病毒。　　　　　　　　　　　　　　　　　　　　　　　　　　　（　　　）

8. CIH病毒是一个文件型病毒。　　　　　　　　　　　　　　　　（　　　）

9. 计算机病毒的破坏性是指破坏计算机磁盘数据。　　　　　　　　（　　　）

10. 为防止计算机中重要数据的丢失，应定期备份重要数据。　　　（　　　）

第 2 部分

一级模拟练习

 试题 1

一、选择题

1. 下列叙述中，正确的是（　　）。
   A. CPU能直接读取硬盘上的数据
   B. CPU能直接存取内存储器
   C. CPU由存储器、运算器和控制器组成
   D. CPU主要用来存储程序和数据

2. 1946年首台电子数字计算机ENIAC问世后，冯·诺依曼（Von Neumann）在研制EDVAC计算机时，提出两个重要的改进，它们是（　　）。
   A. 引入CPU和内存储器的概念
   B. 采用机器语言和十六进制
   C. 采用二进制和存储程序控制的概念
   D. 采用ASCII编码系统

3. 汇编语言是一种（　　）。
   A. 依赖于计算机的低级程序设计语言
   B. 计算机能直接执行的程序设计语言
   C. 独立于计算机的高级程序设计语言
   D. 面向问题的程序设计语言

4. 假设某台式计算机的内存储器容量为128 MB，硬盘容量为10 GB。硬盘的容量是内存容量的（　　）。
   A. 40倍
   B. 60倍
   C. 80倍
   D. 100倍

5. 计算机的硬件主要包括：中央处理器（CPU）、存储器、输出设备和（　　）。
   A. 键盘
   B. 鼠标
   C. 输入设备
   D. 显示器

6. 20 GB的硬盘表示容量约为（　　）。
   A. 20亿个字节
   B. 20亿个二进制位
   C. 200亿个字节
   D. 200亿个二进制位

7. 在一个非零无符号二进制整数之后添加一个0，则此数的值为原数的（　　）。
   A. 4倍
   B. 2倍
   C. 1/2倍
   D. 1/4倍

8. 微机中1K字节表示的二进制位数是（　　）。
   A. 1 000
   B. 8 × 1 000
   C. 1 024
   D. 8 × 1024

9. 下列关于ASCII编码的叙述中，正确的是（　　）。
   A. 一个字符的标准ASCII码占一个字节，其最高二进制位总为1
   B. 所有大写英文字母的ASCII码值都小于小写英文字母a的ASCII码值

C. 所有大写英文字母的 ASCII 码值都大于小写英文字母 a 的 ASCII 码值

D. 标准 ASCII 码表有 256 个不同的字符编码

10. 计算机硬件能直接识别和执行的只有（　　　）。

A. 高级语言 　　　　　　　　　　　　　　　　B. 符号语言

C. 汇编语言 　　　　　　　　　　　　　　　　D. 机器语言

11. 一个字长为 5 位的无符号二进制数能表示的十进制数值范围是（　　　）。

A. 1 ~ 32 　　　　　B. 0 ~ 31 　　　　　C. 1 ~ 31 　　　　　D. 0 ~ 32

12. 计算机病毒是指"能够侵入计算机系统并在计算机系统中潜伏、传播，破坏系统正常工作的一种具有繁殖能力的（　　　）。"

A. 流行性感冒病毒 　　B. 特殊小程序 　　　C. 特殊微生物 　　　D. 源程序

13. 在计算机中，每个存储单元都有一个连续的编号，此编号称为（　　　）。

A. 地址 　　　　　　B. 位置号 　　　　　C. 门牌号 　　　　　D. 房号

14. 在所列出的：1. 字处理软件，2. Linux，3. UNIX，4. 学籍管理系统，5. Windows 7 和 Office 2016 这六个软件中，属于系统软件的有（　　　）。

A. 1，2，3 　　　　　　　　　　　　　　　　B. 2，3，5

C. 1，2，3，5 　　　　　　　　　　　　　　　D. 全部都不是

15. 为实现以 ADSL 方式接入 Internet，至少需要在计算机中内置或外置的一个关键硬设备是（　　　）。

A. 网卡 　　　　　　　　　　　　　　　　　　B. 集线器

C. 服务器 　　　　　　　　　　　　　　　　　D. 调制解调器（Modem）

16. 在下列字符中，其 ASCII 码值最小的一个是（　　　）。

A. 空格字符 　　　　B. 0 　　　　　　　　C. A 　　　　　　　D. a

17. 十进制数 18 转换成二进制数是（　　　）。

A. 010101 　　　　　B. 101000 　　　　　C. 010010 　　　　　D. 001010

18. 有一域名为 bit. edu. cn，根据域名代码的规定，此域名表示（　　　）。

A. 政府机关 　　　　B. 商业组织 　　　　　C. 军事部门 　　　　D. 教育机构

19. 用助记符代替操作码、地址符号代替操作数的面向机器的语言是（　　　）。

A. 汇编语言 　　　　B. FORTRAN 语言 　　C. 机器语言 　　　　D. 高级语言

20. 在下列设备中，不能作为计算机输出设备的是（　　　）。

A. 打印机 　　　　　B. 显示器 　　　　　C. 鼠标器 　　　　　D. 绘图仪

二、基本操作

21. 将考生文件夹下 LI\QIAN 文件夹中的文件夹 YANG 复制到考生文件夹下 WANG 文件夹中。

22. 将考生文件夹下 TIAN 文件夹中的文件 ARJ.exp 设置成只读属性。

23. 在考生文件夹下 ZHAO 文件夹中建立一个名为 GIRL 的新文件夹。

24. 将考生文件夹下 SHEN\KANG 文件夹中的文件 BIAN.arj 移动到考生文件夹下 HAN 文件夹中，并改名为 QULIU.arj。

25. 将考生文件夹下 FANG 文件夹删除。

三、文档处理

在考生文件夹下打开文档 WORD.docx，按照要求完成下列操作并以该文件名 WORD.docx 保存文档。

【文档开始】

WinImp严肃工具简介

特点WinImp是一款既有WinZip的速度，又兼有WinAce严肃率的文件严肃工具，界面很有亲和力。尤其值得一提的是，它的自安装文件才27 KB，非常小巧。支持ZIP、ARJ、RAR、GZIP、TAR等严肃文件格式。严肃、解压、测试、校验、生成自解包、分卷等功能一应俱全。

基本使用正常安装后，可在资源管理器中用右键菜单中的"Add to imp"及"Extract to …"项进行严肃和解压。

评价因机器档次不同，严肃时间很难准确测试，但感觉与WinZip大致相当，应当说是相当快了；而严肃率测试采用了WPS2000及Word97作为样本，测试结果如表一所示。

表一　WinZip.WinRar.WinImp严肃工具测试结果比较

严肃对象	WinZip	WinRar	WinImp
WPS2000（33 MB）	13.8 MB	13.1 MB	11.8 MB
Word97（31.8 MB）	14.9 MB	14.1 MB	13.3 MB

【文档结束】

26.将文中所有错词"严肃"替换为"压缩"。将页面颜色设置为黄色（标准色）。

27.将标题段（"WinImp压缩工具简介"）设置为小三号宋体、居中，并为标题段文字添加蓝色（标准色）阴影边框。

28.设置正文（"特点……如表一所示"）各段落中的所有中文文字为小四号楷体，西文文字为小四号Arial字体；各段落悬挂缩进2字符，段前间距0.5行。

29.将文中最后3行统计数字转换成一个3行4列的表格，表格样式采用内置样式"浅色底纹 - 强调文字颜色2"。

30.设置表格居中，表格列宽为3厘米，表格所有内容水平居中，并设置表格底纹为"白色，背景1，深色25%"。

四、表格处理

31.打开工作簿文件EXCEL.xlsx（见图1）：

（1）将Sheet1工作表的A1：E1单元格合并为一个单元格，内容水平居中；计算实测与预测值之间的误差的绝对值置"误差（绝对值）"列；评估"预测准确度"列，评估规则为："误差"低于或等于"实测值"10%的，"预测准确度"为"高"；"误差"大于"实测值"10%的，"预测准确度"为"低"（使用IF函数）；利用条件格式的"数据条"下的"渐变填充"修饰A3：C14单元格区域。

（2）选择"实测值""预测值"两列数据建立"带数据标记的折线图"，图表标题为"测试数据对比图"，位于图的上方，并将其嵌入到工作表的A17：E37区域中。将工作表Sheet1更名为"测试结果误差表"。

32.打开工作簿文件EXCL.xlsx，对工作表"产品销售情况表"内数据清单的内容（见图2）建立数据透视表，行标签为"分公司"，列标签为"季度"，求和项为"销售数量"，并置于现工作表的18：M22单元格区域，工作表名不变，保存EXCL.xlsx工作簿。

五、演示文稿

33.打开考生文件夹下的演示文稿yswg.pptx，按照下列要求完成对此文稿的修饰并保存。

（1）使用"穿越"主题修饰全文，全部幻灯片切换方案为"擦除"，效果选项为"自左侧"。

	A	B	C	D	E
1	某种放射性元素衰变的测试结果				
2	时间（小时）	实测值	预测值	误差（绝对值）	预测准确度
3	0	16.5	20.5		
4	3	19.4	21.9		
5	7	25.5	25.1		
6	10	27.2	25.8		
7	12	38.3	40.0		
8	15	42.4	46.8		
9	18	55.8	56.3		
10	21	67.2	67.0		
11	24	71.8	71.0		
12	26	76.0	76.5		
13	28	80.0	79.7		
14	30	83.4	80.0		

图1　EXCEL.xlsx 文件内容

	A	B	C	D	E	F	G
1	季度	分公司	产品类别	产品名称	销售数量	销售额（万元）	销售额排名
2	1	西部2	K-1	空调	89	12.28	26
3	1	南部3	D-2	电冰箱	89	20.83	9
4	1	北部2	K-1	空调	89	12.28	26
5	1	东部3	D-2	电冰箱	86	20.12	10
6	1	北部1	D-1	电视	86	38.36	1
7	3	南部2	K-1	空调	86	30.44	4
8	3	西部2	K-1	空调	84	11.59	28
9	2	东部2	K-1	空调	79	27.97	6
10	3	西部1	D-1	电视	78	34.79	2
11	3	南部3	D-2	电冰箱	75	17.55	18
12	3	北部1	D-1	电视	73	32.56	3
13	2	西部3	D-2	电冰箱	69	22.15	8
14	1	东部1	D-1	电视	67	18.43	14
15	3	东部1	D-1	电视	66	18.15	16
16	2	东部3	D-2	电冰箱	65	15.21	23
17	1	南部1	D-1	电视	64	17.60	17
18	3	北部1	D-1	电视	64	28.54	5
19	2	南部2	K-1	空调	63	22.30	7
20	1	西部3	D-2	电冰箱	58	18.62	13
21	3	西部3	D-2	电冰箱	57	18.30	15
22	2	东部1	D-1	电视	56	15.40	22
23	2	西部2	K-1	空调	56	7.73	33
24	1	南部2	K-1	空调	54	19.12	11
25	3	北部3	D-2	电冰箱	54	17.33	19
26	3	北部2	K-1	空调	53	7.31	35
27	2	北部3	D-2	电冰箱	48	15.41	21

图2　"产品销售情况表"内数据清单

（2）将第二张幻灯片版式改为"两栏内容"，将第三张幻灯片的图片移到第二张幻灯片右侧内容区，图片动画效果设置为"轮子"，效果选项为"3轮辐图案"。将第三张幻灯片版式改为"标题和内容"，标题为"公司联系方式"，标题设置为"黑体""加粗"59磅字。内容部分插入3行4列表格，表格的第一行1～4列单元格依次输入"部门""地址""传真"，第一列的2、3行单元格内容分别是"总部"和"中国分部"。其他单元格按第一张幻灯片的相应内容填写。

删除第一张幻灯片，并将第二张幻灯片移为第三张幻灯片。

六、网络应用

34. 接收并阅读由 xuexq@mail.neea.edu.cn 发来的 E-mail，并将随信发来的附件以文件名 dqsj.txt 保存到考生文件夹下。

 试题 2

一、选择题

1. 世界上公认的第一台电子计算机诞生的年代是（　　　）。
   A. 20世纪30年代　　　　　　　　　　　B. 20世纪40年代
   C. 20世纪80年代　　　　　　　　　　　D. 20世纪90年代

2. 构成CPU的主要部件是（　　　）。
   A. 内存和控制器　　　　　　　　　　　B. 内存、控制器和运算器
   C. 高速缓存和运算器　　　　　　　　　D. 控制器和运算器

3. 十进制数29转换成无符号二进制数等于（　　　）。
   A. 11111　　　　　B. 11101　　　　　C. 11001　　　　　D. 11011

4. 10 GB的硬盘表示其存储容量为（　　　）。
   A. 一万个字节　　　　　　　　　　　　B. 一千万个字节
   C. 一亿个字节　　　　　　　　　　　　D. 一百亿个字节

5. 组成微型机主机的部件是（　　　）。
   A. CPU、内存和硬盘　　　　　　　　　B. CPU、内存、显示器和键盘
   C. CPU和内存　　　　　　　　　　　　D. CPU、内存、硬盘、显示器和键盘套

6. 已知英文字母m的ASCII码值为6DH，那么字母q的ASCII码值是（　　　）。
   A. 70H　　　　　　B. 71H　　　　　　C. 72H　　　　　　D. 6FH

7. 一个字长为6位的无符号二进制数能表示的十进制数值范围是（　　　）。
   A. 0～64　　　　　B. 1～64　　　　　C. 1～63　　　　　D. 0～63

8. 下列设备中，可以作为计算机输入设备的是（　　　）。
   A. 打印机　　　　　B. 显示器　　　　　C. 鼠标器　　　　　D. 绘图仪

9. 操作系统对磁盘进行读/写操作的单位是（　　　）。
   A. 磁道　　　　　　B. 字节　　　　　　C. 扇区　　　　　　D. KB

10. 一个汉字的国标码需用2字节存储，其每个字节的最高二进制位的值分别为（　　　）。
    A. 0，0　　　　　B. 1，0　　　　　C. 0，1　　　　　D. 1，1

11. 下列各类计算机程序语言中，不属于高级程序设计语言的是（　　　）。
    A. Visual Basic　　B. FORTAN语言　　C. Pascal语言　　　D. 汇编语言

12. 在下列字符中，其ASCII码值最大的一个是（　　　）。
    A. 9　　　　　　　B. Z　　　　　　　C. d　　　　　　　D. X

13. 下列关于计算机病毒的叙述中，正确的是（　　　）。
    A. 反病毒软件可以查杀任何种类的病毒
    B. 计算机病毒是一种被破坏了的程序
    C. 反病毒软件必须随着新病毒的出现而升级，提高查、杀病毒的功能

D. 感染过计算机病毒的计算机具有对该病毒的免疫性

14. 下列各项中，非法的 Internet 的 IP 地址是（　　　　）。
    A. 202. 96. 12. 14　　　　　　　　　　B. 202. 196. 72. 140
    C. 112. 256. 23. 8　　　　　　　　　　D. 201. 124. 38. 79

15. 计算机的主频指的是（　　　　）。
    A. 软盘读写速度，用 HZ 表示　　　　　B. 显示器输出速度，用 MHZ 表示
    C. 时钟频率，用 MHZ 表示　　　　　　D. 硬盘读写速度

16. 计算机网络分为局域网、城域网和广域网，下列属于局域网的是（　　　　）。
    A. ChinaDDN 网　　　　　　　　　　　B. Novell 网
    C. Chinanet 网　　　　　　　　　　　 D. Internet

17. 下列描述中，正确的是（　　　　）。
    A. 光盘驱动器属于主机，而光盘属于外设
    B. 摄像头属于输入设备，而投影仪属于输出设备
    C. U 盘即可以用作外存，也可以用作内存
    D. 硬盘是辅助存储器，不属于外设

18. 在下列字符中，其 ASCII 码值最大的一个是（　　　　）。
    A. 9　　　　　　　B. Q　　　　　　　C. d　　　　　　　D. F

19. 把内存中数据传送到计算机的硬盘上去的操作称为（　　　　）。
    A. 显示　　　　　　B. 写盘　　　　　　C. 输入　　　　　　D. 读盘

20. 用高级程序设计语言编写的程序（　　　　）。
    A. 计算机能直接执行　　　　　　　　　B. 具有良好的可读性和可移植性
    C. 执行效率高但可读性差　　　　　　　D. 依赖于具体机器，可移植性差

二、基本操作

21. 将考生文件夹下 FENG\WANG 文件夹中的文件 BOOK.prc 移动到考生文件夹下 CHANG 文件夹中，并将该文件改名为 TEXT.prc。

22. 将考生文件夹下 CHU 文件夹中的文件 JIANG.tmp 删除。

23. 将考生文件夹下 REI 文件夹中的文件 SONG.for 复制到考生文件夹下 CHENG 文件夹中。

24. 在考生文件夹下 MAO 文件夹中建立一个新文件夹 YANG。

25. 将考生文件夹下 ZHOU\DENG 文件夹中的文件 OWER.dbf 设置为隐藏属性。

三、文档处理

在考生文件夹下打开文档 WORD.docx，按照要求完成下列操作并以该文件名 WORD.docx 保存文档。

【文档开始】

中国偏食元器件市场发展态势 90 年代中期以来，外商投资踊跃，合资企业积极内迁。日本最大的偏食元器件厂商村田公司以及松下、京都陶瓷和美国摩托罗拉都已在中国建立合资企业，分别生产偏食陶瓷电容器、偏食电阻器和偏食二极管。

我国偏食元器件产业是在 80 年代彩电国产化的推动下发展起来的。先后从国外引进了 40 多条生产线。目前国内新型电子元器件已形成了一定的产业基础，对大生产技术和工艺逐渐有所掌握，已初步形成了一些新的增长点。

对中国偏食元器件生产的乐观估计是，到 2005 年偏食元器件产量可达 3 500～4 000 亿只，年均增长 30%，偏食化率达 80%。

近年来中国偏食元器件产量一览表（单位：亿只）

产品类型	1998年	1999年	2000年
片式多层陶瓷电容器	125.1	413.3	750
片式钽电解电容器	5.1	6.5	9.5
片式铝电解电容器	0.1	0.1	0.5
片式有机薄膜电容器	0.2	1.1	1.5
半导体陶瓷电容器	0.3	1.6	2.5
片式电阻器	125.2	276.1	500
片式石英晶体器件	0.0	0.01	0.1
片式电感器、变压器	1.5	2.8	3.6

【文档结束】

26. 将文中所有错词"偏食"替换为"片式"。设置页面纸张大小为"16K（18.4×26厘米）"。

27. 将标题段文字（"中国片式元器件市场发展态势"）设置为三号红色黑体、居中、段后间距0.8行。

28. 将正文第一段（"90年代中期以来……片式二极管。"）移至第二段（"我国……新的增长点。"）之后；设置正文各段落（"我国……片式化率达80%。"）右缩进2字符。设置正文第一段（"我国……新的增长点。"）首字下沉2行（距正文0.2厘米）；设置正文其余段落（"90年代中期以来……片式化率达80%。"）首行缩进2字符。

29. 将文中最后9行文字转换成一个9行4列的表格，设置表格居中，并按"2000年"列升序排序表格内容。

30. 设置表格第一列列宽为4 cm、其余列列宽为1.6 cm、表格行高为0.5 cm；设置表格外框线为1.5磅蓝色（标准色）双窄线、内框线为1磅蓝色（标准色）单实线。

四、表格处理

31. 打开工作簿文件EXCEL.xlsx（见图1）：

（1）将Sheet1工作表的A1：D1单元格合并为一个单元格，内容水平居中；计算"分配回县/考取比率"列内容（分配回县/考取比率＝分配回县人数/考取人数，百分比，保留小数点后面两位）；使用条件格式将"分配回县/考取比率"列内大于或等于50%的值设置为红色、加粗。

（2）选取"时间"和"分配回县/考取比率"两列数据，建立"带平滑线和数据标记的散点图"图表，设置图表样式为"样式4"，图例位置靠上，图表标题为"分配回县/考取散点图"，将图表插入到表的A12：D27单元格区域内，将工作表命名为"回县比率表"。

32. 打开工作簿文件EXC.xlsx，对工作表"产品销售情况表"内数据清单的内容（见图2）按主要关键字"产品名称"的降序次序和次要关键字"分公司"的降序次序进行排序，完成对各产品销售额总和的分类汇总，汇总结果显示在数据下方，工作表名不变，保存EXCL.xlsx工作簿。

五、演示文稿

33. 打开考生文件夹下的演示文稿yswg.pptx，按照下列要求完成对此文稿的修饰并保存。

（1）最后一张幻灯片前插入一张版式为"仅标题"的新幻灯片，标题为"领先同行业的技

	A	B	C	D
1	某县大学升学和分配情况表			
2	时间	考取人数	分配回县人数	分配回县/考取比率
3	2004	232	152	
4	2005	353	162	
5	2006	450	239	
6	2007	586	267	
7	2008	705	280	
8	2009	608	310	
9	2010	769	321	
10	2011	776	365	

图 1　EXCEL.xlsx 文件内容

	A	B	C	D	E	F	G
1	季度	分公司	产品类别	产品名称	销售数量	销售额（万元）	销售额排名
2	1	西部2	K-1	空调	89	12.28	26
3	1	南部3	D-2	电冰箱	89	20.83	9
4	1	北部2	K-1	空调	89	12.28	26
5	1	东部3	D-2	电冰箱	86	20.12	10
6	1	北部1	D-1	电视	86	38.36	1
7	3	南部2	K-1	空调	86	30.44	4
8	3	西部2	K-1	空调	84	11.59	28
9	2	东部2	K-1	空调	79	27.97	6
10	3	西部1	D-1	电视	78	34.79	2
11	3	南部3	D-2	电冰箱	75	17.55	18
12	2	北部1	D-1	电视	73	32.56	3
13	2	西部3	D-2	电冰箱	69	22.15	8
14	1	东部1	D-1	电视	67	18.43	14
15	3	东部1	D-1	电视	66	18.15	16
16	2	东部3	D-2	电冰箱	65	15.21	23
17	1	南部1	D-1	电视	64	17.60	17
18	3	北部1	D-1	电视	64	28.54	5
19	2	南部2	K-1	空调	63	22.30	7
20	1	西部3	D-2	电冰箱	58	18.62	13
21	3	西部3	D-2	电冰箱	57	18.30	15
22	2	东部1	D-1	电视	56	15.40	22
23	2	西部2	K-1	空调	56	7.73	33
24	1	南部2	K-1	空调	54	19.12	11
25	3	北部3	D-2	电冰箱	54	17.33	19
26	3	北部2	K-1	空调	53	7.31	35
27	2	北部3	D-2	电冰箱	48	15.41	21

图 2　"产品销售情况表"内数据清单

术"，在位置（水平：3.6厘米，自：左上角，垂直：10.7厘米，自：左上角）插入样式为"填充-蓝色，强调文字颜色2，暖色粗糙棱台"的艺术字"Maxtor Storage for the world"，且文字均居中对齐。艺术字文字效果为"转换-跟随路径-上弯弧"，艺术字宽度为18厘米。将该幻灯片向前移动，作为演示文稿的第一张幻灯片，并删除第五张幻灯片。将最后一张幻灯片的版式更换为"垂直排列标题与文本"。第二张幻灯片的内容区文本动画设置为"进入""飞入"，效果选项为"自右侧"。

（2）第一张幻灯片的背景设置为"水滴"纹理，且隐藏背景图形；全文幻灯片切换方案设置为"棋盘"，效果选项为"自顶部"。放映方式为"观众自行浏览"。

六、网络应用

34.接收并阅读由 xuexq@mail.neea.edu.cn 发来的 E-mail，并按 E-mail 中的指令完成操作。

试题 3

一、选择题

1. 下列软件中，属于系统软件的是（　　）。
   A. 办公自动化软件　　　　　　　　　B. Windows XP
   C. 管理信息系统　　　　　　　　　　D. 指挥信息系统

2. 已知英文字母 m 的 ASCII 码值为 6DH，那么 ASCII 码值为 71H 的英文字母是（　　）。
   A. M　　　　　　B. j　　　　　　C. p　　　　　　D. q

3. 控制器的功能是（　　）。
   A. 指挥、协调计算机各部件工作　　　B. 进行算术运算和逻辑运算
   C. 存储数据和程序　　　　　　　　　D. 控制数据的输入和输出

4. 计算机的技术性能指标主要是指（　　）。
   A. 计算机所配备的语言、操作系统、外部设备
   B. 硬盘的容量和内存的容量
   C. 显示器的分辨率、打印机的性能等配置
   D. 字长、运算速度、内/外存容量和 CPU 的时钟频率

5. 在下列关于字符大小关系的说法中，正确的是（　　）。
   A. 空格 >a>A　　　　　　　　　　　B. 空格 >A>a
   C. a>A> 空格　　　　　　　　　　　D. A>a> 空格

6. 声音与视频信息在计算机内的表现形式是（　　）。
   A. 二进制数字　　　　　　　　　　　B. 调制
   C. 模拟　　　　　　　　　　　　　　D. 模拟或数字

7. 计算机系统软件中最核心的是（　　）。
   A. 语言处理系统　　　　　　　　　　B. 操作系统
   C. 数据库管理系统　　　　　　　　　D. 诊断程序

8. 下列关于计算机病毒的说法中，正确的是（　　）。
   A. 计算机病毒是一种有损计算机操作人员身体健康的生物病毒
   B. 计算机病毒发作后，将造成计算机硬件永久性的物理损坏
   C. 计算机病毒是一种通过自我复制进行传染的，破坏计算机程序和数据的小程序
   D. 计算机病毒是一种有逻辑错误的程序

9. 能直接与 CPU 交换信息的存储器是（　　）。
   A. 硬盘存储器　　　　　　　　　　　B. CD-ROM
   C. 内存储器　　　　　　　　　　　　D. 软盘存储器

10. 下列叙述中，错误的是（　　）。
    A. 把数据从内存传输到硬盘的操作称为写盘
    B. WPS Office 2010 属于系统软件
    C. 把高级语言源程序转换为等价的机器语言目标程序的过程叫编译
    D. 计算机内部对数据的传输、存储和处理都使用二进制

11. 以下关于电子邮件的说法，不正确的是（　　）。
    A. 电子邮件的英文简称是 E-mail
    B. 加入因特网的每个用户通过申请都可以得到一个"电子信箱"

C. 在一台计算机上申请的"电子信箱"，以后只有通过这台计算机上网才能收信

D. 一个人可以申请多个电子信箱

12. RAM 的特点是（　　　）。

A. 海量存储器

B. 存储在其中的信息可以永久保存

C. 一旦断电，存储在其上的信息将全部消失，且无法恢复

D. 只用来存储中间数据

13. 因特网中 IP 地址用四组十进制数表示，每组数字的取值范围是（　　　）。

A. 0 ~ 127　　　　　　B. 0 ~ 128　　　　　　C. 0 ~ 255　　　　　　D. 0 ~ 256

14. Internet 最初创建时的应用领域是（　　　）。

A. 经济　　　　　　B. 军事　　　　　　C. 教育　　　　　　D. 外交

15. 某 800 万像素的数码相机，拍摄照片的最高分辨率大约是（　　　）。

A. 3 200 × 2 400　　　　　　　　　　　B. 2 048 × 1 600

C. 1 600 × 1 200　　　　　　　　　　　D. 1 024 × 768

16. 微机硬件系统中最核心的部件是（　　　）。

A. 内存储器　　　　B. 输入输出设备　　　　C. CPU　　　　　　D. 硬盘

17. 1 KB 的准确数值是（　　　）。

A. 1 024B ytes　　　　B. 1 000 Bytes　　　　C. 1 024 bits　　　　D. 1 000 bits

18. DVD–ROM 属于（　　　）。

A. 大容量可读可写外存储器　　　　　　B. 大容量只读外部存储器

C. CPU 可直接存取的存储器　　　　　　D. 只读内存储器

19. 移动硬盘或优盘连接计算机所使用的接口通常是（　　　）。

A. RS–232C 接口　　　　　　　　　　　B. 并行接口

C. USB　　　　　　　　　　　　　　　　D. UBS

20. 下列设备组中，完全属于输入设备的一组是（　　　）。

A. CD–ROM 驱动器、键盘、显示器　　　　B. 绘图仪、键盘、鼠标器

C. 键盘、鼠标器、扫描仪　　　　　　　　D. 打印机、硬盘、条码阅读器

二、基础操作

21. 将考生文件夹下 MICRO 文件夹中的文件 SAK.pas 删除。

22. 在考生文件夹下 POP\PUT 文件夹中建立一个名为 HUM 的新文件夹。

23. 将考生文件夹下 COON\FEW 文件夹中的文件 RAD. for 复制到考生文件夹下 ZUM 文件夹中。

24. 将考生文件夹下 UEM 文件夹中的文件 MACRO.NEW 设置成隐藏和只读属性。

25. 将考生文件夹下 MEP 文件夹中的文件 PGUP.fip 移动到考生文件夹下 QEEN 文件夹中，并改名为 NEPA. jep。

三、文档处理

26. 在考生文件夹下，打开文档 WORD1.docx，按照要求完成下列操作并以该文件名 WORD1.docx 保存文档。

【文档开始】

"星星连珠"会引发灾害吗？

"星星连珠"时，地球上会发生什么灾变吗？答案是："星星连珠"发生时，地球上不会发

生什么特别的事件。不仅对地球，就是对其他星星、小星星和彗星也一样不会产生什么特别影响。

为了便于直观的理解，不妨估计一下来自星星的引力大小。这可以运用牛顿的万有引力定律来进行计算。

科学家根据6000年间发生的"星星连珠"，计算了各星星作用于地球表面一个1千克物体上的引力（如附表所示）。从表中可以看出最强的引力来自太阳，其次是来自月球。与来自月球的引力相比，来自其他星星的引力小得微不足道。就算"星星连珠"像拔河一样形成合力，其影响与来自月球和太阳的引力变化相比，也小得可以忽略不计。

【文档结束】

（1）将标题段文字（"'星星连珠'会引发灾害吗？"）设置为蓝色（标准色）小三号黑体、加粗、居中。

（2）设置正文各段落（"'星星连珠'时，……可以忽略不计。"）左右各缩进0.5字符、段后间距0.5行。将正文第一段（"'星星连珠'，……特别影响。"）分为等宽的两栏、栏间距为0.19字符、栏间加分隔线。

（3）设置页面边框为红色1磅方框。

27. 在考生文件夹下，打开文档WORD2.docx，按照要求完成下列操作并以该文件名（WORD2.docx）保存文档。

【文档开始】

职工号	单位	姓名	基本工资	职务工资	岗位津贴
1031	一厂	王平	706	350	380
2021	二厂	李万全	850	400	420
3074	三厂	刘福来	780	420	500
1058	一厂	张雨	670	360	390

【文档结束】

（1）在表格最右边插入一列，输入列标题"实发工资"，并计算出各职工的实发工资。并按"实发工资"列升序排列表格内容。

（2）设置表格居中、表格列宽为2 cm，行高为0.6 cm、表格所有内容水平居中；设置表格所有框线为1磅红色单实线。

四、表格处理

28. 打开工作簿文件EXCEL.xlsx（见图1）：（1）将Sheet1工作表的A1：G1单元格合并为一个单元格，内容水平居中；根据提供的工资浮动率计算工资的浮动额；再计算浮动后工资；为"备注"列添加信息，如果员工的浮动额大于800元，在对应的备注列内填入"激励"，否则填入"努力"（利用IF函数）；设置"备注"列的单元格样式为"40%－强调文字颜色2"。（2）选取"职工号""原来工资"和"浮动后工资"列的内容，建立"堆积面积图"，设置图表样式为"样式28"，图例位于底部，图表标题为"工资对比图"，位于图的上方，将图插入到表的A14：G33单元格区域内，将工作表命名为"工资对比表"。

29. 打开工作簿文件EXCL.xlsx，对工作表"产品销售情况表"内数据清单的内容（见图2）建立数据透视表，行标签为"分公司"，列标签为"产品名称"，求和项为"销售额（万元）"，并置于新的工作表中，工作表名不变，保存EXCL.xlsx工作簿。

	A	B	C	D	E	F	G
1	某部门人员浮动工资情况表						
2	序号	职工号	原来工资（元）	浮动率	浮动额（元）	浮动后工资（元）	备注
3	1	H089	6000	15.50%			
4	2	H007	9800	11.50%			
5	3	H087	5500	11.50%			
6	4	H012	12000	10.50%			
7	5	H045	6500	11.50%			
8	6	H123	7500	9.50%			
9	7	H059	4500	10.50%			
10	8	H069	5000	11.50%			
11	9	H079	6000	12.50%			
12	10	H033	8000	11.60%			

图1　EXCEL.xlsx文件内容

	A	B	C	D	E	F	G
1	季度	分公司	产品类别	产品名称	销售数量	销售额（万元）	销售额排名
2	1	西部2	K-1	空调	89	12.28	26
3	1	南部3	D-2	电冰箱	89	20.83	9
4	1	北部2	K-1	空调	89	12.28	26
5	1	东部3	D-2	电冰箱	86	20.12	10
6	1	北部1	D-1	电视	86	38.36	1
7	3	南部2	K-1	空调	86	30.44	4
8	3	西部2	K-1	空调	84	11.59	28
9	2	东部2	K-1	空调	79	27.97	6
10	3	西部1	D-1	电视	78	34.79	2
11	3	南部3	D-2	电冰箱	75	17.55	18
12	2	北部1	D-1	电视	73	32.56	3
13	2	西部3	D-2	电冰箱	69	22.15	8
14	1	东部1	D-1	电视	67	18.43	14
15	3	东部1	D-1	电视	66	18.15	16
16	2	东部3	D-2	电冰箱	65	15.21	23
17	1	南部1	D-1	电视	64	17.60	17
18	3	北部1	D-1	电视	64	28.54	5
19	2	南部2	K-1	空调	63	22.30	7
20	1	西部3	D-2	电冰箱	58	18.62	13
21	3	西部3	D-2	电冰箱	57	18.30	15
22	2	东部1	D-1	电视	56	15.40	22
23	2	西部2	K-1	空调	56	7.73	33
24	1	南部2	K-1	空调	54	19.12	11
25	3	北部3	D-2	电冰箱	54	17.33	19
26	3	北部2	K-1	空调	53	7.31	35
27	2	北部3	D-2	电冰箱	48	15.41	21

图2　"产品销售情况表"内数据清单

五、PPT制作

30.打开考生文件夹下的演示文稿yswg.pptx，按照下列要求完成对此文稿的修饰并保存。

（1）在幻灯片的标题区中输入"中国的DXF100地效飞机"，文字设置为"黑体""加粗"54磅字，红色（RGB模式：红色255，绿色0，蓝色0）。插入版式为"标题"和"内容"的新幻灯片，作为第二张幻灯片。第二张幻灯片的标题内容为"DXF100主要技术参数"，文本内容为"可载乘客15人，装有两台300马力航空发动机。"。第一张幻灯片中的飞机图片动画设置为

"进入""飞入"，效果选项为"自右侧"。第二张幻灯片前插入一版式为"空白"的新幻灯片，并在位置（水平：5.3厘米，自：左上角，垂直：8.2厘米，自：左上角）插入样式为"填充 – 蓝色，强调文字颜色2，粗糙棱台"的艺术字"DXF100地效飞机"，文字效果为"转换 – 弯曲 – 倒V形"。

（2）第二张幻灯片的背景预设颜色为"雨后初晴"，类型为"射线"，并将该幻灯片移为第一张幻灯片。全部幻灯片切换方案设置为"时钟"，效果选项为"逆时针"。放映方式为"观众自行浏览"。

六、网络应用

31. 接收并阅读由 xuexq@mail.neea.edu.cn 发来的 E-mail，并按 E-mail 中的指令完成操作。

第 3 部分

二级进阶模拟练习

 试题 1

一、选择题

1. 液晶显示器（LCD）的主要技术指标不包括（　　）。
   A. 显示分辨率 　　　　　　　　 B. 亮度和对比度
   C. 显示速度 　　　　　　　　　 D. 存储容量

2. 在结构化程序设计中，其基本结构不包括（　　）。
   A. 顺序结构 　　　　　　　　　 B. GOTO 跳转
   C. 选择（分支）结构 　　　　　 D. 循环（重复）结构

3. 计算机病毒是指（　　）。
   A. 编制有错误的计算机程序 　　 B. 设计不完善的计算机程序
   C. 已被破坏的计算机程序 　　　 D. 以危害系统为目的的特殊计算机程序

4. 下面不属于软件需求的规格说明书内容的是（　　）。
   A. 软件的可验证性 　　　　　　 B. 软件的功能需求
   C. 软件的性能需求 　　　　　　 D. 软件的外部接口

5. 微机的销售广告中"P4 2.4 G/256 M/80 G"中的 2.4 G 是表示（　　）。
   A. CPU 的运算速度为 2.4 GIPS 　 B. CPU 为 Pentium4 的 2.4 代
   C. CPU 的时钟主频为 2.4 GHz 　　D. CPU 与内存间的数据交换速率是 2.4 Gbps

6. 下列叙述中正确的是（　　）。
   A. 二分查找法只适用于顺序存储的有序线性表
   B. 二分查找法适用于任何存储结构的有序线性表
   C. 二分查找法适用于有序循环链
   D. 二分查找法适用于有序双向链表

7. 已知英文字母 m 的 ASCII 码值为 6DH，那么字母 q 的 ASCII 码值是（　　）。
   A. 70H 　　　　　 B. 71H 　　　　　 C. 72H 　　　　　 D. 6FH

8. 计算机系统由（　　）组成。
   A. 主机和显示器 　　　　　　　 B. 微处理器和软件
   C. 硬件系统和应用软件 　　　　 D. 硬件系统和软件系统

9. 定义学生、教师和课程的关系模式 S：（S#.Sn.SD. DC. SA）（其属性分别为学号、姓名、所在系、所在系的系主任、年龄）；C：（C#.Cn.P#）（其属性分别为课程号、课程名、选修课）；SC：（S#.C#.G）（其属性分别为学号、课程号和成绩），则该关系为（   ）。

    A. 第二范式   B. 第一范式

    C. 第三范式   D. BCNF范式

10. Internet 最初创建时的应用领域是（   ）。

    A. 经济   B. 军事   C. 教育   D. 外交

11. 用高级程序设计语言编写的程序（   ）。

    A. 计算机能直接执行   B. 具有良好的可读性和可移植性

    C. 执行效率高但可读性差   D. 依赖于具体机器，可移植性差

12. 度量计算机运算速度常用的单位是（   ）。

    A. MIPS   B. MHz   C. MB/s   D. Mbps

13. 结构化程序设计强调（   ）。

    A. 程序的效率   B. 程序的易读性   C. 程序的规律   D. 程序的可复用性

14. 域名 ABC. XYZ.COM.CN 中主机名是（   ）。

    A. ABC   B. XYZ   C. COM   D. CN

15. 按照软件测试方法，以下不属于黑盒测试方法的是（   ）。

    A. 边界值分析法   B. 等价类划分法

    C. 逻辑覆盖测试   D. 错误推测法

16. 华利用 Word 编辑一份书稿，出版社要求目录和正文的页码分别采用不同的格式，且均从第 1 页开始，最优的操作方法是（   ）。

    A. 在 Word 中不设置页码，将其转换为 PDF 格式时再增加页码

    B. 在目录与正文之间插入分页符，在分页符前后设置不同的页码

    C. 在目录与正文之间插入分节符，在不同的节中设置不同的页码

    D. 将目录和正文分别存在两个文档中，分别设置页码

17. 在 Excel 中，设定与使用"主题"的功能是指（   ）。

    A. 标题   B. 一段标题文字

    C. 一个表格   D. 一组格式集合

18. 在 Excel 工作表 A1 单元格里存放了 18 位二代身份证号码，在 A2 单元格中利用公式计算该人的年龄最优的操作方法是（   ）。

    A. =YEAR（TODAY（ ））–MID（A1，6，8）

    B. =YEAR（TODAY（ ））–MID（A1，6，4）

    C. =YEAR（TODAY（ ））–MID（A1，7，8）

    D. =YEAR（TODAY（ ））–MID（A1，7，4）

19. 小明需要将 Word 文档内容以稿纸格式输出，最优的操作方法是（   ）。

    A. 适当调整文档内容的字号，然后将其直接打印到稿纸上

    B. 利用 Word 中"稿纸设置"功能即可

    C. 利用 Word 中"表格"功能绘制稿纸，然后将文字内容复制到表格中

    D. 利用 Word 中"文档网格"功能即可

20. 小梅需要将 PowerPoint 演示文稿内容制作成一份 Word 版本讲义，以便后续可以灵活编辑及打印，最优的操作方法是（   ）。

    A. 将演示文稿另存为"大纲/RTF文件"格式，然后在 Word 中打开

B.　在 PowerPoint 中利用"创建讲义"功能，直接创建 Word 讲义

C.　将演示文稿中的幻灯片以粘贴对象的方式一张张复制到 Word 文档

D.　切换到演示文稿的"大纲"视图，将大纲内容直接复制到 Word 文档中

二、操作题

21. 文字处理题

文档"北京市政府统计工作年报.docx"是一篇从互联网上获取的文字资料，请打开该文档并按下列要求进行排版及保存操作。

（1）将文档中的西文空格全部删除。

（2）将纸张大小设为 16 开，上边距设为 3.2 厘米，下边距设为 3 厘米，左右页边距均设为 2.5 厘米。

（3）利用素材前三行内容为文档制作一个封面页，令其独占一页（参考样例见文件"封面样例.png"）。

（4）将标题"（三）咨询情况"下用蓝色标出的段落部分转换为表格，为表格套用一种表格样式使其更加美观。基于该表格数据，在表格下方插入一个饼图，用于反映各种咨询形式所占比例，要求在饼图中仅显示百分比。

（5）将文档中以"一、二、三……"开头的段落设为"标题 1"样式；以"（一）、（二）……"开头的段落设为"标题 2"样式；以"1、2……"开头的段落设为"标题 3"样式。

（6）为正文第 3 段中用红色标出的文字"统计局队政府网站"添加超链接，链接地址为"http：///wwbsts.gov.cn/"同时在"统计局队政府网站"后添加脚注，内容为"http：//www.bjstats.gov.cn"。

（7）将除封面页外的所有内容分为两栏显示，但是前述表格及相关图表仍需跨栏居中显示，无须分栏。

（8）在封面页与正文之间插入目录，目录要求包含标题第 1–3 级及对应页号。目录单独占用一页，且无须分栏。

（9）除封面页和目录页外，在正文页上添加页眉，内容为文档标题"北京市政府信息公开工作年度报告"和页码，要求正文页码从第 1 页开始，其中奇数页眉居右显示，页码在标题右侧，偶数页眉居左显示，页码在标题左侧。

（10）将完成排版的文档先以 Word 格式即文件名"北京市政府统计工作年报.docx"进行保存，再另行生成一份同名的 PDF 文档进行保存。

22. 表格处理题

小蒋是一位中学教师，在教务处负责初一年级学生的成绩管理。由于学校地处偏远地区，缺乏必要的教学设施，只有一台配置不太高的计算机可以使用。他在这台计算机中安装了 Microsoft Office，决定通过 Excel 来管理学生成绩，以弥补学校缺少数据库管理系统的不足。现在，第一学期期末考试刚刚结束，小蒋将初一年级三个班的成绩均录入了文件名为"学生成绩单.xlsx"的 Excel 工作簿文档中。

请你根据下列要求帮助小蒋老师对该成绩单进行整理和分析。

（1）对工作表"第一学期期末成绩"中的数据列表进行格式化操作：将第一列"学号"列设为文本，将所有成绩列设为保留两位小数的数值；适当加大行高列宽，改变字体、字号，设置对齐方式，增加适当的边框和底纹以使工作表更加美观。

（2）利用"条件格式"功能进行下列设置，将语文数学。英语三科中不低于 110 分的成绩所在的单元格以某种颜色随机填充，其他四科中高于 95 分的成绩以另种字体颜色标出，所用颜色深浅不遮挡数据为宜。

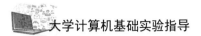

（3）利用SUM和AVERAGE函数计算每一个学生的总分及平均成绩。

（4）学号第3位代表学生所在的班级，例如：120105 0表12级1班5号。请通过函数提取每个学生所在的时班级并按下列对应关系填写在"班级"列中。

"学号"的3、4对应班级

01　　　　　1班

02　　　　　2班

03　　　　　3班

（5）复制工作表"第一学期期末成绩"，将副本放置到原表之后，改变该副本表标签的颜色，并重新命名，新表名需包含"分类汇总"字样。

（6）通过分类汇总功能求出每个班各科的平均成绩，并将每组结果分页显示。

（7）以分类汇总结果为基础，创建一个簇状柱形图，对每个班各科平均成绩进行比较，并将该图表放置在一个名为"柱状分析图"的新工作表中。

23.演示文稿题

打开考生文件夹下的演示文稿yswg. pptx，根据考生文件夹下的文件"PPT–素材.docx"，按照下列要求完善此文稿并保存。

（1）使文稿包含七张幻灯片，设计第一张为"标题幻灯片"版式，第一张为"仅标题"版式，第三到第六张为"两栏内容"版式，第七张为"空白"版式，所有幻灯片统一设置背景样式，要求有预设颜色。

（2）第一张幻灯片标题为"计算机发展简史"，副标题为"计算机发展的四个阶段"；第二张幻灯片标题为"计算机发展的四个阶段"，在标题下面空白处插入SmartArt图形，要求含有四个文本框，在每个文本框中依次输入"第一代计算 机……第四代计算机"，更改图形颜色，适当调整字体字号。

（3）第三张至第六张幻灯片，标题内容分别为素材中各段的标题；左侧内容为各段的文字介绍，加项目符号，右侧为考生文件夹下存放的相对应图片，第六张幻灯片需插入两张图片（"第四代计算机–1.jpg"在上，"第四代计算机–2.jpg"在下）；在第七张幻灯片中插入艺术字，内容为"谢谢!"。

（4）为第一张幻灯片的副标题，第三到第六张幻灯片的图片设置动画效果，第二张幻灯片的四个文本框超链接到相应内容幻灯片；为所有幻灯片设置切换效果。

 试题　2

一、选择题

1. 汉字国标码（GB/T 2312—1980）把汉字分成2个等级，其中一级常用汉字的排列顺序是按（　　　　）。

　　A. 汉语拼音字母顺序　　　　　　　　B. 偏旁部首

　　C. 笔画多少　　　　　　　　　　　　D. 以上都不对

2. 支持子程序调用的数据结构是（　　　　）。

　　A. 栈　　　　B. 树　　　　　　　　C. 队列　　　　　　　　D. 二叉树

3. 计算机硬件系统中最核心的部件是（　　　　）。

　　A. 内存储器　　　　　　　　　　　　B. 输入/输出设备

C. CPU   D. 硬盘

4. 下面四项常用术语的叙述中，有错误的是（　　　）。

　　A. 光标是显示屏上指示位置的标志

　　B. 汇编语言是一种面向机器的低级程序设计语言，用汇编语言编写的程序计算机能直接执行

　　C. 总线是计算机系统中各部件之间传输信息的公共通路

　　D. 读/写磁头是既能从磁表面存储器读出信息又能把信息写入磁表面存储器的装置

5. 字长是 CPU 的主要性能指标之一，它表示（　　　）。

　　A. CPU 一次能处理二进制数据的位数　　B. 最长的十进制整数的位数

　　C. 最大的有效数字位数　　　　　　　　D. 计算结果的有效数字长度

6. 下列数据结构中，属于非线性结构的是（　　　）。

　　A. 循环队列　　B. 带链队列　　　　C. 二叉树　　　　　　D. 带链栈

7. 计算机硬件系统主要包括：中央处理器（CPU）、存储器和（　　　）。

　　A. 显示器和键盘　　　　　　　　　　　B. 打印机和键盘

　　C. 显示器和鼠标器　　　　　　　　　　D. 输入/输出设备

8. 下列关于域名的说法中，正确的是（　　　）。

　　A. 域名就是 IP 地址

　　B. 城名的使用对象仅限于服务器

　　C. 城名完全由用户自行定义

　　D. 城名系统按地理域或机构域分层.果用层次结构

9. 下列关于磁道的说法中，正确的是（　　　）。

　　A. 盘面上的磁道是一组同心圆

　　B. 由于每一磁道的周长不同，所以每磁道的存储容量也不同

　　C. 盘面上的磁道是一条阿基米德螺线

　　D. 磁道的编号是最内圈为 0，次序由内向外逐渐增大，最外圈的编号最大

10. 半导体只读存储器（ROM）与半导体随机存取存储器（RAM）的主要区别在于。
（　　　）

　　A. ROM 可以永久保存信息，RAM 在断电后信息会丢失

　　B. ROM 断电后，信息会丢失，RAM 则不会

　　C. ROM 是内存储器，RAM 是外存储器

　　D. RAM 是内存储器，ROM 是外存储器

11. HDMI 接口可以外接（　　　）。

A. 硬盘　　　　　　B. 打印机　　　　　　C. 鼠标或键盘　　　　D. 高清电视

12. 有三个关系 R、S 和 T 如下：

A	B	C
a	1	2
b	2	1
c	3	1

A	B
c	3

C
1

　　则由关系 R 和 S 得到关系 T 的操作是（　　　）。

　　A. 自然连接　　　　　　B. 交　　　　　　　C. 除　　　　　　　D. 并

13. 在进行数据库逻辑设计时，可将ER图中的属性表示为关系模式的（   ）。

    A. 属性   B. 键   C. 关系   D. 域

14. 冯·诺依曼（Von Neumann）在他的EDVAC计算机方案中，提出了两个重要的概念，它们是（   ）。

    A. 采用二进制和存储程序控制的概念

    B. 引入CPU和内存储器的概念

    C. 机器语言和十六进制

    D. ASCII编码和指令系统

15. 以下不属于Word文档视图的是（   ）。

    A. 阅读版式视图   B. Web版式视图

    C. 放映视图   D. 大纲视图

16. 小王计划邀请30家客户参加答谢会，并为客户发送邀请函，快速制作30份邀请函的最优操作方法是（   ）。

    A. 发动同事帮忙制作邀请函，每个人写几份

    B. 利用Word的邮件合并功能自动生成

    C. 先制作好一份邀请函，然后复印30份，在每份上添加客户名称

    D. 先在Word中制作一份邀请函，通过复制、粘贴功能生成30份，然后分别添加客户名称

17. 如果Excel单元格值大于0，则在本单元格中显示"已完成"；如果单元格值小于0，则在本单元格中显示"还未开始"；如果单元格值等于0，则在本单元格中显示"正在进行中"，最优的操作方法是（   ）。

    A. 使用IF函数

    B. 通过自定义单元格格式，设置数据的显示方式

    C. 使用条件格式命令

    D. 使用自定义函数

18. 小刘用Excel 2016制作了一份员工档案表，但经理的计算机中只安装了Office 2003，能让经理正常打开员工档案表的最优操作方法是（   ）。

    A. 将文档另存为Excel 97–2003文档格式

    B. 将文档另存为PDF格式

    C. 建议经理安装Office 2016

    D. 小刘自行安装Office 2003，并重新制作一份员工档案表

19. 设置PowerPoint演示文稿中的SmartArt图形动画，要求一个分支形状展示完成后再展示下一分支形状内容，最优的操作方法是（   ）。

    A. 将SmartArt动画效果设置为"一次按级别"

    B. 将SmartArt动画效果设置为"逐个按级别"

    C. 将SmartArt动画效果设置为"整批发送"

    D. 将SmartArt动画效果设置为"逐个按分支"

20. 将一个PowerPoint演示文福保存为放映文件最优的操作方法是（   ）。

    A. 在"文件"选项卡中选择"保存并发送"，子演示文稿打包成可自动放映的CD

    B. 将演示文稿另存为.pptx文件格式

    C. 将演示文稿另存为.pptx文件格式

    D. 将演示文精另存为.pptx文件格式

二、操作题

21. 文字处理题

某高校学生会计划举办场"大学生网络创业交流会"的活动，拟邀请部分专家和老师给在校学生进行演讲。因此，校学生会外联部需制作一批邀请函，分别递送给相关的专家和老师。请按如下要求，完成邀请两的制作：

（1）调整文档版面，要求页面高度为 18 cm、宽度为 30 cm，页边距（上、下）为 2 cm，页边距（左、右）为 3 cm。

（2）将考生文件夹下的图片"背景图片 jpg"设置为邀请的背景。

（3）根据"Word–邀请函参考样式 .docx"文件，调整邀请函中内容文字的字体字号和颜色。

（4）调整邀请函中内容文字段落对齐方式。

（5）根据页面布局需要，调整邀请函中"大学生网络创业交流会"和"邀请函"两个段落的间距。

（6）在"尊敬的"和"（老师）"文字之间，插入拟邀请的专家和老师姓名，拟邀请的专家和老师姓名在考生文件夹下的"通讯录 .xlsx"文件中。每页邀请函中只能包含 1 位专家或老师的姓名，所有的邀请函页面请另外保存在一个名为"Word – 邀请函 .docx"的文件中。

（7）邀请函文档制作完成后，请保存"WorD. docx"文件。

22. 表格处理题

小李在东方公司担任行政助理，年底他统计了公司员工档案信息的分析和汇总。

请你根据东方公司员工档案表（"Excel.xlsx"文件），按照如下要求完成统计和分析工作：

（1）请对"员工档案表"工作表进行格式调整，将所有工资列设为保留两位小数的数值，适当加大行高、列宽。

（2）根据身份证号，请在"员工档案表"工作表的"出生日期"列中，使用 MID 函数提取员工生日，单元格式类型为"yyyy年m月d日"。

（3）根据入职时间，请在"员工档案表"工作表的"工龄"列中，使用 TODAY 函数和 INT 函数计算员工的工龄，工作满一年才计入工龄。

（4）引用"工龄工资"工作表中的数据来计算"员工档案表"工作表中员工的工龄工资，在"基础工资"列中，计算每个人的基础工资。（基础工资 = 基本工资 + 工龄工资）

（5）根据"员工档案表"工作表中的工资数据。统计所有人的基础工资总额，并将其填写在"统计报告"工作表的 B2 单元格中。

（6）根据"员工档案表"工作表中的工资数据，统计职务为项目经理的基本工资总额，并将其填写在"统计报告"工作表的 B3 单元格中。

（7）根据"员工档案表"工作表中的数据，统计东方公司本科生平均基本工资，并将其填写在"统计报告"工作表的 B4 单元格中。

（8）通过分类汇总功能求出每个职务的平均基本工资。

（9）创建一个饼图，对每个职务的平均基本工资进行比较，并将该图表放置在"统计报告"中。

（10）保存"Excel. xlsx"文件。

23. 演示文稿题

打开考生文件夹下的演示文稿 yswg. pptx，按照下列要求完成对此文稿的制作：

（1）使用"环保"演示文稿设计主题修饰全文。

（2）将第二张幻灯片版式设置为"标题和内容"，把这张幻灯片移为第三张幻灯片。

（3）为三张幻灯片设置动画效果。

（4）要有2个超链接进行幻灯片之间的跳转。

（5）演示文稿播放的全程需要有背景音乐。

（6）将制作完成的演示文稿以"bx.pptx"为文件名进行保存。

 试题 3

一、选择题

1. 微机的主机指的是（　　　）。

    A. CPU、内存和硬盘　　　　　　　　B. CPU、内存、显示器和键盘

    C. CPU和内存储器　　　　　　　　　D. CPU、内存、硬盘、显示器和键盘

2. 将E-R图转换为关系模式时，实体和联系都可以表示为（　　　）。

    A. 属性　　　　　　B. 键　　　　　　C. 关系　　　　　　D. 域

3. 某企业需要为普通员工每人购置一台计算机，专门用于日常办公，通常选购的机型是（　　　）。

    A. 超级计算机　　　　　　　　　　　B. 大型计算机

    C. 微型计算机（PC）　　　　　　　　D. 小型计算机

4. 计算机采用的主机电子器件的发展顺序是（　　　）。

    A. 晶体管、电子管、中小规模集成电路、大规模和超大规模集成电

    B. 电子管、晶体管、中小规模集成电路、大规模和超大规模集成电路

    C. 晶体管、电子管、集成电路、芯片

    D. 电子管、晶体管、集成电路、芯片

5. 某系统总体结构图如下图所示：

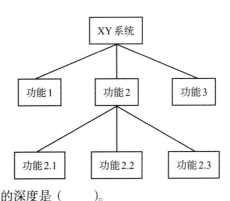

该系统总体结构图的深度是（　　　）。

    A. 7　　　　　　B. 6　　　　　　C. 3　　　　　　D. 2

6. 为了使模块尽可能独立，要求（　　　）。

    A. 模块的内聚程度要尽量高，且各模块间的耦合程度要尽量强

    B. 模块的内聚积度要尽量高，且各模块间的耦合程度要尽量弱

    C. 模块的内聚程度要尽量低，且各模块同的耦合程度要尽量明

    D. 模块的内聚程度要尽量低，且各模块间的耦合程度要尽量强

7. 下列叙述中正确的是（　　　）。

    A. 循环队列是队列的一种链式存储结构

    B. 循环队列是队列的一种顺序存储结构

    C. 循环队列是非线性结构

    D. 循环队列是一种逻辑结构

8. 下列软件中，属于应用软件的是（　　　）。

    A. Windows 7　　　　　　　　　　B. PowerPoint 2016

    C. UNIX　　　　　　　　　　　　D. Linux

9. 已知一汉字的国标码是 5E38，其内码应是（　　　）。

    A. DEB8　　　　　B. DE38　　　　　C. 5EB8　　　　　D. 7.00E+58

10. 下列叙述中，错误的是（　　　）。

    A. 计算机系统由硬件系统和软件系统组成

    B. 计算机软件由各类应用软件组成

    C. CPU 主要由运算器和控制器组成

    D. 计算机主机由 CPU 和内存储器组成

11. 手写板或鼠标属于（　　　）。

    A. 输入设备　　　　　　　　　　B. 输出设备

    C. 中央处理器　　　　　　　　　D. 存储器

12. 在标准 ASCII 编码表中，数字码、小写英文字母和大写英文字母的前后次序是（　　　）。

    A. 数字、小写英文字母、大写英文字母

    B. 小写英文字母、大写英文字母、数字

    C. 数字、大写英文字母、小写英文字母

    D. 大写英文字母、小写英文字母、数字

13. 二进制数 110001 转换成十进制数是（　　　）。

    A. 47　　　　　　　B. 48　　　　　　C. 49　　　　　　D. 51

14. 一名教师可讲授多门课程，一门课程可由多名教师讲授。则实体教师和课程间的联系是（　　　）。

    A. 1∶1 联系　　　　B. 1∶m 联系　　　C. m∶1 联系　　　D. m∶n 联系

15. 在 Word 文档中，选择从某段落开始位置到文档末尾的全部内容，最优的操作方法是（　　　）。

    A. 将指针移动到该段落的开始位置，按 Ctrl+A 组合键

    B. 将指针移动到该段落的开始位置，按住 Shift 键，单击文档的结束位置

    C. 将指针移动到该段落的开始位置，按 Ctrl+Shift+End 组合键

    D. 将指针移动到该段落的开始位置，按 AIt+Ctrl+Shift+PageDown 组合键

16. 在 Word 功能区中，拥有的选项卡分别是（　　　）。

    A. 开始、插入、布局、引用、邮件、审阅等

    B. 开始、插入、编辑、布局、引用、邮件等

C. 开始、插入、编辑、布局、选项、邮件等

D. 开始、插入、编辑、布局、选项、帮助等

17. Excel工作表D列保存了18位身份证号码信息，为了保护个人隐私，需将身份证信息的第3、4位和第9、10位用"*"表示，以D2单元格为例，最优的操作方法是（ ）。

    A. = MID（D2，3，2，"**"，9，2，"**"）

    B. = REPLACE（REPLACE（D2，9，2."**"），3，2，"**"）

    C. = REPLACE（D2，3，2，"**"，9，2，"**"）

    D. = REPLACE（D2，9，2，"**"）+REPLACE（D2，3，2，"**"）

18. 钱经理正在使用Excel查看产品的销售情况，他希望能够同时查看这个千行千列的超大工作表的不同部分，最优的操作方法（ ）。

    A. 将该工作簿另存几个副本，然后打开并重排这几个工作簿以分别查看不同的部分

    B. 在工作表合适的位置冻结拆分窗格，然后分别查看不同的部分

    C. 在工作表合适的位置拆分窗口，然后分别查看不同的部分

    D. 在工作表中新建几个窗口，重排窗口后在每个窗口中查看不同的部分

19. 邱老师在学期总结PowerPoint演示文稿中插入了一个SmartArt图形，她希望将该SmartArt图形的动画效果设置为逐个形状播放，最优的操作方法是（ ）。

    A. 先将该SmartArt图形取消组合，然后再为每个形状依次设置动画

    B. 先将该SmartArt图形转换为形状，然后取消组合，再为每个形状依次设置动画

    C. 只能将SmartArt图形作为一个整体设置动画效果，不能分开指定

    D. 为该SmartArt图形选择一个动画类型，然后再进行适当的动画效果设置

20. 张编辑在制作图书分类介绍的PowerPoint演示文稿时，希望每类图书可以通过不同的演示主题进行展示，最佳的操作方法是（ ）。

    A. 为每类图书分别制作演示文稿，每份演示文稿均应用不同的主题

    B. 为每类图书分别制作演示文稿，每份演示文文稿均应用不同的主题，然后将这些演示文稿合并为一

    C. 在演示文稿中选中每类图所包含的所有幻灯片，分别为其应用不同的的主题

    D. 通过PowerPoint中"主题分布"功能，直接应用不同的主题

二、操作题

21. 文字处理题

在考生文件夹下打开文档WorD. dox，按照要求完成下列操作并以该文件名（WorD. docx）保存文档。

（1）调整纸张大小为C5，页边距的左边距为2厘米，右边距为2厘米，装订线1厘米，对称页边距。

（2）将文档中第一行"黑客技术"设为1级标题，文档中黑体字的段落设为2级标题，斜体字段落设为3级标题。

（3）将正文部分内容设为四号字，每个段落设为1.2倍行距且首行缩进2字符。

（4）将正文第一段落的首字"很"下沉2行。

（5）在文档的开始位置插入只显示2级和3级标题的目录，并用分节方式令其独占一页。

（6）文档除目录页外均显示页码，正文开始为第1页，奇数页码显示在文档的底部靠右，偶数页码显示在文档的底部靠左。文档偶数页加入页眉，页眉中显示文档标题"黑客技术"，奇数页页眉没有内容。

（7）将文档最后5行转换为2列5行的表格，倒数第6行的内容"中英文对照"作为该表格的标题，将表格及标题居中。

（8）为文档应用一种适当的主题。

22. 表格处理题

在考生文件夹下打开工作簿Excel. xlsx，按照要求完成下列操作并以该文件名Excel.xlsx保存工作簿。

某公司拟对其产品季度销售情况进行统计，打开Excel xlsx 文件，按以下要求操作：

（1）分别在"一季度销售情况表""二季度销售情况表"工作表内，计算"一季度销售额"列和"二季度销售额"列内容，均为数值型，保留小数点后0位。

（2）在"产品销售汇总图表"内，计算"一、二季度销售总量"和"一季度销售总额"列内容，数值型，保留小数点后0位；在不改变原有数据顺序的情况下，按一、二季度销售总额给出销售额排名。

（3）选择"产品销售汇总图表"内A1：E21单元格区域内容，建立数据透视表，行标签为产品型号，列标签为产品类别代码，求和计算一、二季度销售额的总计，将表置于现工作表G1为起点的单元格区域内。

23. 演示文稿题

某公司新员工入职，需要对他们进行入职培训。为此，人事部门负责此事的小吴制作了一份入职培训的演示文稿。但人事部经理看过之后，觉得文稿整体做得不够精美，还需要再美化一下。请根据提供的"入职培训. pptx"文件，对制作好的文稿进行美化，具体要求如下：

（1）将第一张幻灯片设为"节标题"，并在第一 张幻灯片中插入一幅人物剪贴画。

（2）为整个演示文稿指定一个恰当的设计主题。

（3）为第二张幻灯片上面的文字"公司制度意识架构要求"加入超链接，链接到Word素材文件"公司制度意识架构要求 .docx"。

（4）在该演示文稿中创建一个 演示方案，该演示方案包含第1、3、4页幻灯片，并将该演示方案命名为"放映方案1"。

（5）为演示文稿设置不少于3种幻灯片切换方式。

（6）将制作完成的演示文稿以"入职培训. pptx"为文件名进行保存。

 试题 4

一、选择题

1. 下列各存储器中，存取速度最快的种是（ ）。
    A. Cache
    B. 动态RAM（DRAM）
    C. CD-ROM
    D. 硬盘

2. 1946年诞生的世界上公认的第一台电子计算机是（ ）。
    A. UNIVAC-1 　　B. EDVAC 　　C. ENIAC 　　D. 1BM560

3. 计算机技术中，下列度量存储器容量的单位中，最大的单位是（ ）。
    A. KB 　　B. MB 　　C. Byte 　　D. GB

4. 下面叙述中错误的是（ ）。
    A. 移动硬盘的容量比U盘的容量大

B. 移动硬盘和U盘均有重量轻、体积小的特点

C. 闪存（Flash Memory）的特点是断电后还能保持存储的数据不丢失

D. 移动硬盘和硬盘都不易携带

5. 面向对象的程序设计语言是（　　　）。

   A. 汇编语言　　　　　　　　　　　B. 机器语言

   C. 高级程序语言　　　　　　　　　D. 形式语言

6. 下列选项中不属于计算机的主要技术指标的是（　　　）。

   A. 字长　　　　　　　　　　　　　B. 存储容量

   C. 重量　　　　　　　　　　　　　D. 时钟主频

7. "千兆以太网"通常是一种高速局域网，其网络数据传输速率大约为（　　　）。

   A. 1 000位/秒　　　　　　　　　　B. 1 000 000 000位/秒

   C. 1 000字节/秒　　　　　　　　　D. 1 000 000字节/秒

8. 十进制数18转换成二进制数是（　　　）。

   A. 10101　　　　B. 101000　　　　C. 10010　　　　D. 1010

9. 某800万像素的数码相机，拍摄照片的最高分辨率大约是（　　　）。

   A. 3 200×2 400　　B. 1 600×1 200　　C. 2 048×1 600　　D. 1 024×768

10. 传播计算机病毒的两大可能途径之一起（　　　）。

   A. 通过键盘输入数据时传入　　　B. 通过电源线传播

   C. 通过使用表面不清洁的光盘　　D. 通过Internet传播

11. 汉字区位码分别用十进制的区号和位号表示，其区号和位号的范围分别是（　　　）。

   A. 0~94, 0~94　　　　　　　　　　B. 1~95, 1~95

   C. 1~94, 1~94　　　　　　　　　　D. 0~95, 0~95

12. 假设某台式计算机内存储器的容量为1 KB，其最后一个字节的地址是（　　　）。

   A. 1023H　　　　B. 1024H　　　　C. 0400H　　　　D. 03FFH

13. CPU的主要性能指标是（　　　）。

   A. 字长和时钟主频　　　　　　　B. 可靠性

   C. 耗电量和效率　　　　　　　　D. 发热量和冷却效率

14. 根据数制的基本概念，下列各进制的整数中，值最小的一个是（　　　）。

   A. 十进制数10　　　　　　　　　B. 八进制数10

   C. 十六进制数10　　　　　　　　D. 二进制数10

15. 小张完成了毕业论文，现需要在正文前添加论文目录以便检索和阅读，最优的操作方法是（　　　）。

   A. 利用Word提供的"手动目录"功能创建目录

   B. 直接输入作为目录的标题文字和相对应的页码创建目录

   C. 将文档的各级标题设置为内置标题样式，然后基于内置标题样式自动插入目录

   D. 不使用内置标题样式，而是直接基于自定义样式创建目录

16. 下列文件扩展名中，不属于Word模板文件的是（　　　）。

   A. docx　　　　B. dotm　　　　C. dotx　　　　D. dot

17. 初二年级各班的成绩单分别保存在独立的Excel工作簿文件中，李老师需要将这些成绩单合并到一个工作簿文件中进行管理，最优的操作方法是（　　　）。

   A. 将各班成绩单中的数据分别通过复制、粘贴命令整合到一个工作簿中

B.　通过移动或复制工作表功能，将各班成绩单整合到一个工作簿中

C.　打开一个班的成绩单，将其他班级的数据录入同一个工作簿的不同工作表中

D.　通过插入对象功能，将各班成绩单整合到一个工作簿中

18.　以下对 Excel 高级筛选功能的说法中正确的是（　　）。

A.　高级筛选通常需要在工作表中设置条件区域

B.　利用"数据"选项卡中的"排序和筛选"组内的"筛选"命令可进行高级筛选

C.　高级筛选之前必须对数据进行排序

D.　高级筛选就是自定义筛选

19.　李老师在用 PowerPoint 制作课件，她希望将学校的徽标图片放在除标题页之外的所有幻灯片右下角，并为其指定一个动画效果。最优的操作方法是（　　）。

A.　先在一张幻灯片上插入徽标图片，并设置动画然后将该徽标图片复制到其他幻灯片上

B.　分别在每一张幻灯片上插入徽标图片，并分别设置动画

C.　先制作张幻灯片并插入徽标图片，为其设置动画，然后多次复制该张幻灯片

D.　在幻灯片母版中插入徽标图片，并为其设置动画

20.　某次校园活动中拍摄了很多数码照片，现需将这些照片整理到一个 PowerPoint 演示文稿中，快速制作的最优操作方法是（　　）。

A.　创建一个 PowerPoint 相册文件

B.　创建一个 PowerPoint 演示文稿，然后批量插入图片

C.　创建一个 PowerPoint 演示文稿，然后在每页幻灯片中插入图片

D.　在文件夹中选中所有照片，然后单击鼠标右键直接发送到 PowerPoint 演示文稿

二、操作题

21.　字处理题

在考生文件夹下打开文档 WorD. docx，按照要求完成下列操作并以该文件名（WorD. docx）保存文档。

吴明是某房地产公司的行政助理，主要负责开展公司的各项活动，并起草各种文件。为丰富公司的文化生活，公司将定于 2013 年 10 月 21 日下午 15：00 时在会所会议室以爱岗敬业"激情飞扬在十月，创先争优展风采"为主题举行演讲比赛。比赛需邀请评委，评委人员保存在名为"评委.xlsx"的 Excel 文档中，公司联系电话为 021- 6666×××。

根据上述内容制作请柬，具体要求如下：

（1）制作一份请柬，以"董事长：李科勒"的名义发出邀请，请柬中需要包含标题、收件人名称、演讲比赛时间、演讲比赛地点和邀请人。

（2）对请柬进行适当的排版，具体要求：改变字体、调整字号，且标题部分（"请柬"）与正文（以"尊敬的×××"开头）采用不相同的字体和字号，以美观且符合中国人阅读习惯为准。

（3）在请柬的左下角位置插入一幅图片（图片自选），调整其大小及位置，不影响文字排列，不遮挡文字内容。

（4）进行页面设置，加大文档的上边距；为文档添加页眉，要求页眉内容包含本公司的联系电话。

（5）运用邮件合并功能制作内容相同、收件人不同（收件人为"评委.docx"中的每个人，采用导入方式）的多份请柬，要求先将合并主文档以"请柬1.docx"为文件名进行保存，在进行效果预览后生成可以单独编辑的单个文档"请柬2. docx"。

22. 表格处理题

在考生文件夹下打开文档 Excel.xlsx。

财务部助理小王需要向主管汇报2013年度公司差旅报销情况，现在请按照如下需求，在 Excel. xlsx 文档中完成工作。

（1）在"费用报销管理"工作表"日期"列的所有单元格中，标注每个报销日期属于星期几，例如日期为"2013年1月20日"的单元格应显示为"2013年1月20日星期日"，日期为"2013年1月21日"的单元格应显示为"2013年1月21日星期一"。

（2）如果"日期"列中的日期为星期六或星期日，则在"是否加班"列的单元格中显示"是"，否则显示"否"（必须使用公式）。

（3）使用公式统计每个活动地点所在的省份或直辖市，并将其填写在"地区"列所对应的单元格中，例如"北京市""浙江省"。

（4）依据"费用类别编号"列内容，使用VLOOKUP函数，生成"费用类别"列内容。对照关系参考"费用类别"工作表。

（5）在"差旅成本分析报告"工作表B3单元格中，统计2013年第二季度发生在北京市的差旅费用总金额。

（6）在"差旅成本分析报告"工作表B4单元格中，统计2013年员工钱顺卓报销的火车票费用总额。

（7）在"差旅成本分析报告"工作表B5单元格中，统计2013年差旅费用中，飞机票费用占所有报销费用的比例，并保留2位小数。

（8）在"差旅成本分析报告"工作表B6单元格中，统计2013年发生在周末（星期六和星期日）的通信补助总金额。

23. 演示文稿题

学校摄影社团在今年的摄影比赛结束后，希望可以借助PowerPoint将优秀作品在社团活动中进行展示。这些优秀的摄影作品保存在考试文件夹中，并以"Photo（1）.jpg"~"Photo（12）. jpg"命名。现在，请你按照如下需求，在PowerPoint中完成制作工作。

（1）利用PowerPoint应用程序创建一个相册，并包含 Photo（1）. jpg~ Photo（2）.jpg摄影作品，在每张幻灯片中包含4张图片，并将每幅图片设置为"居中矩形阴影"相框形状。

（2）设置相册主题为考试文件夹中的"相册主题.ppt"样式。

（3）为相册中每张幻灯片设置不同的切换效果。

（4）在标题幻灯片后插入一张新的幻灯片，将该幻灯片设置为"标题和内容"版式。在该幻灯片的标题位置输入"摄影社团优秀作品赏析"；并在该幻灯片的内容文本框中输入3行文字，分别为"湖光春色""冰消雪融"和"田园风光"。

（5）将"湖光春色""冰消雪融"和"田园风光"3行文字转换成样式为"蛇形图片重点列表"的SmartArt对象，并将Photo（1）. jpg ~Photo（6）. jpg和Photo（9）. jpg定义为该SmartArt对象的显示图片。

（6）为SmartArt对象添加自左至右的"擦除"进入动画效果，并要求在幻灯片放映时该SmartArt对象元素可以逐个显示。

（7）在SmartArt对象元素中添加幻灯片跳转链接，使得单击"湖光春色"标注形状可跳转至第3张幻灯，单击"冰消雪融"标注形状可跳转至第4张幻灯片，单击"田园风光"标注形状可跳转至第5张幻灯片。

（8）将考试文件夹中的ELPHRGO1. wav声音文件作为该相册的背景音乐，并在幻灯片放映。

（9）将该相册保存为PowerPoint. pptx文件。

试题　5

一、选择题

1. 某企业为了构建网络办公环境，每位员工使用的计算机上应当具备（　　　）设备。

  A. 网卡   B. 摄像头   C. 无线鼠标   D. 双显示器

2. 在下列字符中，其 ASCII 码值最大的一个是（　　　）。

  A. Z   B. 9   C. 空格字符   D. a

3. 为了用 ISDN 技术实现电话拨号方式接入 Internet，除了要具备一条直拨外线和一台性能合适的计算机外，另一个关键硬件设备是（　　　）。

  A. 网卡   B. 集线器

  C. 服务器   D. 内置或外置调制解调器（Modem）

4. 下面关于随机存取存储器（RAM）的叙述中，正确的是（　　　）。

  A. RAM 分静态 RAM（SRAM）和动态 RAM（DRAM）两大类

  B. SRAM 的集成度比 DRAM 高

  C. DRAM 的存取速度比 SRAM 快

  D. DRAM 中存储的数据无须"刷新"

5. 下列各排序法中，最坏情况下的时间复杂度最低的是（　　　）。

  A. 希尔排序   B. 快速排序 C. 堆排序   D. 冒泡排序

6. 组成 CPU 的主要部件是控制器和（　　　）。

  A. 存储器   B. 运算器   C. 寄存器   D. 编辑器

7. 要在 Web 浏览器中查看某一电子商务公司的主页，应知道（　　　）。

  A. 该公司的电子邮件地址   B. 该公司法人的电子邮箱

  C. 该公司的 www 地址   D. 该公司法人的 QQ 号

8. 算法时间复杂度的度量方法是（　　　）。

  A. 算法程序的长   B. 执行算法所需要的基本运算次数

  C. 执行算法所需要的所有运算次数 D. 执行算法所需要的时间

9. 字长是 CPU 的主要技术性能指标之一，"它"表示的是（　　　）。

  A. CPU 计算结果的有效数字长度 B. CPU 一次能处理二进制数据的位数

  C. CPU 能表示的最大的有效数字位数 D. CPU 能表示的十进制整数的位数

10. 配置 Cache 是为了解决（　　　）。

  A. 内存与外存之间速度不匹配问题 B. CPU 与外存之间速度不匹配问题

  C. CPU 与内存之间速度不匹配问题 D. 主机与外部设备之间速度不匹配问题

11. 某家庭采用 ADSL 宽带接入方式连接 Internet，ADSL 调制解调器连接一个 4 口的路由器，路由器再连接 4 台计算机实现上网的共享，这种家庭网络的拓扑结构为（　　　）。

  A. 环形拓扑   B. 总线型拓扑 C. 网状拓扑   D. 星形拓扑

12. 下列说法中，错误的是（　　　）。

  A. 硬盘驱动器和盘片是密封在一起的，不能随意更换盘片

  B. 硬盘可以是多张盘片组成的盘片组

  C. 硬盘的技术指标除容量外，还有转速

  D. 硬盘安装在机箱内，属于主机的组成部分

13. 一个汉字的国标的需用了字节存储，其每个字节的最高二进制位的值分别为（　　　）。

  A. 0，0   B. 1，0   C. 0，1   D. 1，1

14. 与十六进制数CD等值的十进制数是（　　　）。

  A. 204   B. 205   C. 206   D. 203

15. Word文档的结构层次为"章——节——小节"，如章"1"为一级标题，节"1.1"为二级标题。小节"1.1.1"为三级标题，采用多级列表的方式已经完成了对第一章中章、节、小节的设置，如需完成剩余几章内容的多级列表设置，最优的操作方法是（　　　）。

  A. 复制第一章中的"章.节.小节"段落，分别粘贴到其他章节对应位置，然后替换标题内容

  B. 将第一章中的"章.节.小节"格式保存为标题样式，并将其应用到其他章节对应段落

  C. 利用格式刷功能，分别复制第一章中的"章.节.小节"格式，并应用到其他章节对应段落

  D. 逐个对其他章节对应的"章.节.小节"标题应用"多级列表"格式，并调整段落结构层次

16. 在Word文档中，不可直接操作的是（　　　）。

  A. 录制屏幕操作视频   B. 插入Excel图表

  C. 插入SmartArt   D. 屏幕截图

17. 在Excel工作表多个不相邻的单元格中输入相同的数据，最优的操作方法是（　　　）。

  A. 在其中一个位置输入数据，然后逐次将其复制到其他单元格

  B. 在输入区域最左上方的单元格中输入数据，双击填充柄，将其填充到其他单元格

  C. 在其中一个位置输入数据，将其复制后，利用Ctrl键选择其他全部输入区域，再粘贴内容

  D. 同时选中所有不相邻单元格，在活动单元格中输入数据，然后按Ctrl+Enter键

18. 以下各项中错误的Excel公式形式是（　　　）。

  A. = SUM（B3：E3）＊＄F＄3   B. = SUM（B3：3E）*F3

  C. =SUM（B3：＄E3）＊F3   D. = SUM（B3：E3）*F＄3

19. 小姚负责新员工的入职培训，在培训演示文稿中需要制作公司的组织结构图。在PowerPoint中最优的操作方法是（　　　）。

  A. 通过插入SmartArt图形制作组织结构图

  B. 直接在幻灯片的适当位置通过绘图工具绘制出组织结构图

  C. 通过插入图片或对象的方式，插入在其他程序中制作好的组织结构图

  D. 先在幻灯片中分级输入组织结构图的文字内容，然后将文字转换为SmartArt组织结构图

20. 如果需要在一个演示文稿的每页幻灯片左下角相同位置插入学校的校徽图片，最优的操作方法是（　　　）。

  A. 打开幻灯片母版视图，将校徽图片插入母版中

  B. 打开幻灯片放映视图，将校徽图片插入幻灯片中

  C. 打开幻灯片普通视图，将校徽图片插入幻灯片中

  D. 打开幻灯片浏览视图，将校徽图片插入幻灯片中

二、操作题

21. 文字处理题

在考生文件夹下打开文档 WorD. docx。

为了更好地介绍公司的服务与市场战略，市场部助理小王需要协助制作完成公司战略规划文档，并调整文档的外观与格式现在：请你按照如下需求，在 WorD. docx 文档中完成制作工作。

（1）调整文档纸张大小为 A4 幅面。纸张方向为横向，并调整上、下页边距为 2.5 厘米，左、右页边距为 3.2 厘米。

（2）打开考生文件夹下的"Word 样式标准 .docx"文件，将其文档样式库中的"标题 1，标题样式一"和"标题 2，标题样式二"复制到 WorD. docx 文档样式库中。

（3）将 WorD. docx 文档中的所有红颜色文字段落应用为"标题 1，标题样式一"段落样式。

（4）将 WorD. docx 文档中的所有绿颜色文字段落应用为"标题 2，标题样式二"段落样式。

（5）将文档中出现的全部"软回车"符号（手动换行符）更改为"硬回车"符号（段落标记）。

（6）修改文档样式库中的"正文"样式，使得文档中所有正文段落首行缩进 2 个字符。

（7）为文档添加页眉，并将当前页中样式为"标题 1，标题样式一"的文字自动显示在页眉区域中。

（8）在文档的第 4 个段落后（标题为"目标"的段落之前）插入一个空段落，并按照下面的数据方式在此空段落中插入一个折线图图表，将图表的标题命名为"公司业务指标"。

年份	销售额	成本	利润
2010年	4.3	2.4	1.9
2011年	6.3	5.1	1.2
2012年	5.9	3.6	2.3
2013年	7.8	3.2	4.6

22. 表格处理题

中国的人口发展形势非常严峻，为此国家统计局每 10 年进行一次全国人口普查，以掌握全国人口的增长速度及规模。按照下列要求完成对第五次、第六次人口普查数据的统计分析。

（1）新建一个空白 Excel 文档，将工作表 Sheet1 更名为"第五次普查数据"，将 Sheet2 更名为"第六次普查数据"，将该文档以"全国人口普查数据分析 .xlsx"为文件名进行保存。

（2）浏览网页"第五次全国人口普查公报 .htm"，将其中的"2000 年第五次全国人口普查主要数据"表格导入工作表"第五次普查数据"中；浏览网页"第六次全国人口普查公报 .htm"，将其中的"2010 年第六次全国人口普查主要数据"表格导入工作表"第六次普查数据"中（要求均从 A1 单元格开始导入，不得对两个工作表中的数据进行排序）。

（3）对两个工作表中的数据区域套用合适的表格样式，要求至少四周有边框、且偶数行有底纹，并将所有人口数列的数字格式设为带千分位分隔符的整数。

（4）将两个工作表内容合并，合并后的工作表放置在新工作表"比较数据"中（自 A1 单元格开始），且保持最左列仍为地区名称。A1 单元格中的列标题为"地区"，对合并后的工作表适当的调整行高列宽、字体字号、边框底纹等，使其便于阅读。以"地区"为关键字对工作表"比较数据"进行升序排列。

（5）在合并后的工作表"比较数据"中的数据区域最右边依次增加"人口增长数"和"比重变化"两列，计算这两列的值，并设置合适的格式。其中：人口增长数 = 2010 年人口数 -2000 年人口数，比重变化 =2010 年比重 -2000 年比重。

（6）打开工作簿"统计指标.xlsx"，将工作表"统计数据"插入正在编辑的文档"全国人口普查数据分析.xlsx"中工作表"比较数据"的右侧。

（7）在工作簿"全国人口普查数据分析.xlsx"的工作表"比较数据"中的相应单元格内填入统计结果。

（8）基于工作表"比较数据"创建一个数据透视表，将其单独存放在一个名为"透视分析"的工作表中。透视表中要求筛选出2010年人口数超过5 000万的地区及其人口数、2010年所占比重、人口增长数，并按人口数从多到少排序。最后适当调整透视表中的数字格式。（提示：行标签为"地区"，数值项依次为2010年人口数、2010年比重、人口增长数。）

23. 演示文稿题

为了更好地控制教材编写的内容、质量和流程，小李负责起草了图书策划方案。他将图书策划方案Word文档中的内容制作成了可以向教材编委会进行展示的PowerPoint演示文稿。现在，请你根据已制作好的演示文稿"图书策划方案.pptx"，完成下列要求：

（1）为演示文稿应用一个美观的主题样式。

（2）将演示文稿中的第1页幻灯片，调整为"仅标题"版式，并调整标题到适当的位置。

（3）在标题为"2012年同类图书销量统计"的幻灯片页中，插入一个6行6列的表格，列标题分别为"图书名称""出版社""出版日期""作者""定价""销量"。

（4）为演示文稿设置不少于3种幻灯片切换方式。

（5）在该演示文稿中创建一个演示方案，该演示方案包含第1、3、4、6页幻灯片，并将该演示方案命名为"放映方案1"。

（6）演示文稿播放的全程需要有背景音乐。

（7）保存制作完成的演示文稿，并将其命名为PowerPoint.pptx。